Michael Johannes Frischknecht

Entwicklung neuer rezeptorgesteuerter Radiopharmazeutika

Michael Johannes Frischknecht

Entwicklung neuer rezeptorgesteuerter Radiopharmazeutika

für die Diagnostik und die Therapie von Prostata- und Mammakarzinomen

Südwestdeutscher Verlag für Hochschulschriften

Impressum/Imprint (nur für Deutschland/only for Germany)
Bibliografische Information der Deutschen Nationalbibliothek: Die Deutsche Nationalbibliothek verzeichnet diese Publikation in der Deutschen Nationalbibliografie; detaillierte bibliografische Daten sind im Internet über http://dnb.d-nb.de abrufbar.
Alle in diesem Buch genannten Marken und Produktnamen unterliegen warenzeichen-, marken- oder patentrechtlichem Schutz bzw. sind Warenzeichen oder eingetragene Warenzeichen der jeweiligen Inhaber. Die Wiedergabe von Marken, Produktnamen, Gebrauchsnamen, Handelsnamen, Warenbezeichnungen u.s.w. in diesem Werk berechtigt auch ohne besondere Kennzeichnung nicht zu der Annahme, dass solche Namen im Sinne der Warenzeichen- und Markenschutzgesetzgebung als frei zu betrachten wären und daher von jedermann benutzt werden dürften.

Coverbild: www.ingimage.com

Verlag: Südwestdeutscher Verlag für Hochschulschriften GmbH & Co. KG
Heinrich-Böcking-Str. 6-8, 66121 Saarbrücken, Deutschland
Telefon +49 681 37 20 271-1, Telefax +49 681 37 20 271-0
Email: info@svh-verlag.de

Zugl.: Basel, Universität Basel, Dissertation, 2009

Herstellung in Deutschland:
Schaltungsdienst Lange o.H.G., Berlin
Books on Demand GmbH, Norderstedt
Reha GmbH, Saarbrücken
Amazon Distribution GmbH, Leipzig
ISBN: 978-3-8381-1396-8

Imprint (only for USA, GB)
Bibliographic information published by the Deutsche Nationalbibliothek: The Deutsche Nationalbibliothek lists this publication in the Deutsche Nationalbibliografie; detailed bibliographic data are available in the Internet at http://dnb.d-nb.de.
Any brand names and product names mentioned in this book are subject to trademark, brand or patent protection and are trademarks or registered trademarks of their respective holders. The use of brand names, product names, common names, trade names, product descriptions etc. even without a particular marking in this works is in no way to be construed to mean that such names may be regarded as unrestricted in respect of trademark and brand protection legislation and could thus be used by anyone.

Cover image: www.ingimage.com

Publisher: Südwestdeutscher Verlag für Hochschulschriften GmbH & Co. KG
Heinrich-Böcking-Str. 6-8, 66121 Saarbrücken, Germany
Phone +49 681 37 20 271-1, Fax +49 681 37 20 271-0
Email: info@svh-verlag.de

Printed in the U.S.A.
Printed in the U.K. by (see last page)
ISBN: 978-3-8381-1396-8

Copyright © 2012 by the author and Südwestdeutscher Verlag für Hochschulschriften GmbH & Co. KG and licensors
All rights reserved. Saarbrücken 2012

„Niemand weiss, wie weit seine Kräfte gehen, bis er sie versucht hat."

Johann Wolfgang von Goethe

**Meinen Eltern
In Dankbarkeit gewidmet**

DANKSAGUNG

Für die Aufnahme in die Abteilung Radiologische Chemie des Universitätsspitals Basel und für die Betreuung während der Dissertation möchte ich Herrn Prof. Dr. H. R. Mäcke herzlich danken.

Mein weiterer Dank gilt folgenden Personen:

Prof. Dr. E. C. Constable für die Übernahme des Korreferats.

Prof. Dr. J. Müller-Brand, Chefarzt Nuklearmedizin, Universitätsspital Basel und dem Team der NUK für die angenehme Aufnahme in die Abteilung.

Prof. Dr. J.-C. Reubi und B. Waser vom Institut für Pathologie, Universität Bern, für die Bestimmung der Bindungsaffinitäten.

Daniel Storch und Stephan Good für die sehr gute und ausführliche Einführung in die Kenntnisse der Peptidsynthese, Markierungen, HPLC-Analysen und *in vitro* Experimente.

Andreas Bauman für die fachliche Unterstützung und die wertvollen Anregungen.

Dem Laborteam der Radiologischen Chemie für die sehr entspannte, herzliche und familiäre Umgebung, insbesonders: D. Biondo, R. Jevremovic, K. Kocur, P. Powell und P. Preisig.

Claudine Pfister für die Korrektur der Berichte und der Doktorarbeit.

Damian Wild für die Bioverteilungsexperimente und die Statistik.

Dr. H. Rink und U. Rindlisbacher für ihre hilfreichen Anregungen zur Peptidsynthese.

Den Herren K. Akyel, I. Muckenschnabel, U. Ramseier und D. Staab aus der Firma Novartis (Basel) für die Aufnahme der MS- und NMR-Spektren.

Andreas Müller für die exzellenten Kuchen.

Den anderen Forschern, welche in dieser Zeit in der Radiologischen Chemie tätig waren:
P. Dos Santos-Antunes, L. Del Pozzo, M. Fani, M. Ginj, M. Jamous, A. Keelara, C. Kroll, R. Mansi, S. Sulieman, M. L. Tamma, X. Wang, H. Zhang.

Im Speziellen möchte ich für die finanzielle Unterstützung folgenden Gesellschaften meinen Dank aussprechen:

- Schweizerischer Nationalfonds zur Förderung der wissenschaftlichen Forschung
- Stiftung Emilia Guggenheim-Schnurr der naturforschenden Gesellschaft in Basel
- Freiwillige Akademische Gesellschaft, Basel
- Targeting Alpha-Particle emitting Radionuclides to Combat Cancer (TARCC),
  7. Rahmenprogramm der EU (FP7)

Im Laufe dieser Arbeit wurden folgende Publikationen und Abstracts erstellt:

Publikationen

1. M. Frischknecht, D. Wild, B. Waser, J. C. Reubi, H.R. Maecke. Influence of various lengths of dPEG-based spacers on the metabolic stability, receptor binding affinity and internalization rate of DOTA-X-bombesin analogues, in preparation.
2. D. Wild, M. Frischknecht, S. Good, H. Zhang, A. Morgenstern, F. Bruchertseifer, S. Kneifel, J. Boisclair, A. Provencher-Bolliger, J. C. Reubi, H.R. Maecke. An α-Particle Emitting Radiopeptide (^{213}Bi-DOTA-PESIN) for therapy of Prostate Cancer, Cancer Research, accepted.

Abstracts

1. R. P. Baum, V. Prasad, N. Mutloka, M. Frischknecht, H. R. Maecke, J. C. Reubi. Molecular imaging of bombesin receptors in various tumors by Ga-68 AMBA PET/CT: First results. *Abstract Book Supplement to the Journal of Nuclear Medicine* **2007**, 48, 79P.
2. D. Wild, M. Frischknecht, S. Good, H. Zhang, A. Morgenstern, F. Bruchertseifer, H. R. Maecke. Targeted Radiotherapy of Gastrin-Releasing-Peptide (GRP) Receptor expressing Prostate cancer: Therapeutic Efficacy of ^{213}Bi vs. ^{177}Lu labeled DOTA-PEG$_4$-Bombesin(7-14) (DOTA-PESIN). *Eur J Nucl Med Mol Imaging* **2007**; 34(Suppl 2):S240.

INHALTSVERZEICHNIS

1.	**EINLEITUNG**	**1**
1.1.	KREBS	1
1.2.	NUKLEARMEDIZIN	3
1.3.	REZEPTORGESTEUERTE RADIOPHARMAKA	8
1.3.1.	GESCHICHTLICHER HINTERGRUND	8
1.3.2.	AUFBAU EINES REZEPTORGESTEUERTEN RADIOPHARMAKONS	8
1.3.2.1.	PEPTIDE	9
1.3.2.1.1.	SOMATOSTATIN	11
1.3.2.1.2.	SUBSTANZ P (SP)	12
1.3.2.1.3.	BOMBESIN	13
1.3.2.2.	SPACER	15
1.3.2.3.	SIGNALMOLEKÜL	16
1.3.2.3.1.	CHELATOREN UND RADIOMETALLE (EXKL. TECHNETIUM-99M)	17
1.3.2.4.	TECHNETIUM-99M UND DESSEN CHELATOREN BZW. LIGANDEN	20
1.3.2.4.1.	CHEMIE DES TC-99M	21
1.3.2.4.2.	^{99m}TC IN REZEPTOR SPEZIFISCHEN RADIPHARMAZEUTIKA	23
1.3.3.	REZEPTOR	25
1.3.3.1.	SIGNALÜBERTRAGUNG	25
1.3.3.2.	G-PROTEIN-GEKOPPELTER REZEPTOR	25
1.4.	**STRATEGIE FÜR DIE ENTWICKLUNG NEUER REZEPTORGESTEUERTER RADIOPHARMAKA**	**27**
1.4.1.	PEPTIDSYNTHESE AN DER FESTPHASE (SPPS)	29
1.4.2.	RADIOAKTIVE MARKIERUNGEN	31
1.4.3.	CIRCULARDICHROISMUS (CD)	33
1.4.4.	LOG D-BESTIMMUNG	35
1.4.5.	BIOLOGISCHE EXPERIMENTE	36
1.4.5.1.	STABILITÄT IM SERUM BZW. PLASMA	37
1.4.5.2.	INTERNALISIERUNG & EXTERNALISIERUNG	40
1.4.5.2.1.	INTERNALISIERUNG	40
1.4.5.2.2.	EXTERNALISIERUNG	42
1.4.5.3.	TIERMODELL	42
1.4.5.3.1.	BIOVERTEILUNGSEXPERIMENTE	43
2.	**AUFGABENSTELLUNG**	**44**
2.1.	EINFLUSS UNTERSCHIEDLICH LANGER DPEG-SPACER IM BOMBESIN-DERIVAT DOTA-DPEG$_x$-BN(7-14) AUF PHARMAKOLOGISCHE PARAMETER	44
2.2.	GEGENÜBERSTELLUNG DES NEU ENTWICKELTEN AGONISTEN ^{99m}TC-CYCLAM-AHX-BN(7-14) UND DEM BEKANNTEN ^{111}IN-DOTA-AHX-BN(7-14)	45
2.3.	VERGLEICH DER *IN VITRO* UND *IN VIVO* RESULTATE VON $^{67/68}$GA- UND ^{177}LU-DOTA-GLY-AMBA-BN(7-14) (DOTA-AMBA)	47
2.4.	AMINOOXY-FUNKTIONALISIERTE SUBSTANZ P ANALOGA	48
3.	**RESULTATE UND DISKUSSION**	**50**
3.1.	EINFLUSS UNTERSCHIEDLICH LANGER DPEG-SPACER IM BOMBESIN-DERIVAT DOTA-DPEG$_x$-BN(7-14) AUF PHARMAKOLOGISCHE PARAMETER	50

3.1.1.	Synthese von DOTA-dPEG$_x$-BN(7-14) (x = 0, 2, 4, 6, 12, 24)	50
3.1.2.	Untersuchung von Oxidation bei DOTA-dPEG$_4$-[β-Ala^{11}]-BN(7-14)	51
3.1.3.	Log D-Bestimmung von ^{NAT}Lu-DOTA-dPEG$_x$-BN(7-14) (x = 0, 2, 4, 6, 12, 24)	53
3.1.4.	Bindungsaffinität	54
3.1.5.	Enzymatische Stabilität ^{177}Lu-DOTA-dPEG$_x$-BN(7-14) (x = 0, 2, 4, 6, 12, 24)	55
3.1.5.1.	Enzymatische Stabilität im Blutserum	55
3.1.5.2.	Identifizierung der Metaboliten von ^{177}Lu-DOTA-dPEG$_2$-BN(7-14) und ^{177}Lu-DOTA-dPEG$_{12}$-BN(7-14)	57
3.1.5.3.	Blockierungsversuche der Peptidasen durch unterschiedliche Inhibitoren anhand von ^{177}Lu-DOTA-dPEG$_2$-BN(7-14)	63
3.1.5.4.	Kinetik der enzymatischen Degradierung von ^{177}Lu-DOTA-dPEG$_2$-BN(7-14) und ^{177}Lu-DOTA-dPEG$_{12}$-BN(7-14)	64
3.1.6.	Circulardichroismus	67
3.1.7.	Internalisierung & Externalisierung	69
3.1.7.1.	Internalisierung	69
3.1.7.2.	Externalisierung	70
3.1.8.	Bioverteilung	72
3.2.	**Gegenüberstellung des neu entwickelten Agonisten ^{99M}Tc-Cyclam-AHX-BN(7-14) und dem bekannten ^{111}In-DOTA-AHX-BN(7-14)**	**74**
3.2.1.	Synthese von Cyclam-AHX-BN(7-14) und DOTA-AHX-BN(7-14)	74
3.2.2.	^{99M}Tc Markierexperimente mit Cyclam-AHX-BN(7-14)	75
3.2.3.	Bindungsaffinität	80
3.2.4.	Stabilität	81
3.2.4.1.	Stabilität in der Markierlösung	81
3.2.4.2.	Stabilität in Blutserum	81
3.2.5.	Internalisierung & Externalisierung	82
3.2.5.1.	Internalisierung	82
3.2.5.2.	Externalisierung	83
3.3.	**Gegenüberstellung der in vitro und in vivo Resultate von $^{67/68}$Ga- und ^{177}Lu-markierten DOTA-Gly-AMBA-BN(7-14) (DOTA-AMBA)**	**85**
3.3.1.	Synthese von DOTA-AMBA	85
3.3.2.	Ga/Lu Markierung von DOTA-AMBA	85
3.3.3.	Bindungsaffinität von ^{NAT}Ga/^{NAT}Lu-DOTA-AMBA	86
3.3.4.	Enzymatische Stabilität ^{67}Ga/^{177}Lu-DOTA-AMBA	86
3.3.5.	Internalisierung & Externalisierung	86
3.3.5.1.	Internalisierung	86
3.3.5.2.	Externalisierung	87
3.3.6.	Bioverteilung	89
3.4.	**Aminooxy-funktionalisierte Substanz P Analoga**	**91**
3.4.1.	Peptidsynthese	91
3.4.2.	Chemoselektivtät	92
3.4.3.	Optimierung der Darstellung von PARA-Fluorobenzylidenoxim-acetyl-[Thi^8,Met(O$_2$)^{11}]-Substanz P (30)	94
4.	**Experimenteller Teil**	**97**
4.1.	**Reagenzien**	**97**

4.2.	**Geräte**	**98**
4.2.1.	HPLC-Gradientensysteme	99
4.3.	**Allgemeine Arbeitsvorschriften**	**101**
4.3.1.	AAV 1: Peptidsynthese mittels semi-automatischen Synthesizer	101
4.3.2.	AAV 2: Belegung von Rink acid Harz	102
4.3.3.	AAV 3: Belegung von Rink-Amid MBHA Harz	103
4.3.4.	AAV 4: Kaiser Test (Reaktionskontrolle)	103
4.3.5.	AAV 5: Kopplung einer Fmoc geschützten Aminosäure bzw. des Chelators DOTA(tBu)$_3$ mit HATU an der Festphase	103
4.3.6.	AAV 6: Abspaltung und Entschützung eines Peptides von der Festphase	104
4.3.7.	AAV 7: Bestimmung der Peptidkonzentration mittels UV/Vis-Spektroskopie	103
4.3.8.	AAV 8: Bestimmung der Peptidkonzentration mittels getracerter ^{NAT}Lu-Lösung	104
4.3.9.	AAV 9: Bildung eines Metallkomplexes (nicht radioaktiv)	105
4.3.10.	AAV 10: ^{177}Lu/^{67}Ga-Markierung mittels Heizblock	106
4.3.11.	AAV 11: ^{111}In-Markierung mittels Mikrowelle	106
4.3.12.	AAV 12: ^{99M}Tc-Markierung mittels Heizblock	107
4.4.	**Synthesen**	**108**
4.4.1.	Cyclam-Ahx-BN(7-14) (24)	108
4.4.2.	DOTA-Gly-AMBA-BN(7-14) (25)	109
4.4.3.	Aminooxoacetyl-Arg-Pro-NH$_2$ (27)	110
4.4.4.	4-Fluorbenzyloximacetyl-Pro-Gln-NH$_2$ (28)	110
4.4.5.	Aminooxoacetyl-[Thi^8,Met(O$_2$)^{11}]-Substanz P (29)	111
4.4.6.	4-Fluorbenzyloximacetyl-[Thi^8,Met(O$_2$)^{11}]-Substanz P (30)	112
4.5.	**Circulardichroismus**	**113**
4.6.	**Log D-Bestimmung**	**113**
4.7.	**Serum- bzw. Plasmastabilitätsstudien**	**114**
4.7.1.	Identifikation der enzymatisch entstandenen Metaboliten von ^{177}Lu-DOTA-dPEG$_2$-BN(7-14) und ^{177}Lu-DOTA-dPEG$_{12}$-BN(7-14)	114
4.7.2.	Zersetzungskinetik von ^{177}Lu-DOTA-dPEG$_2$-BN(7-14) und ^{177}Lu-DOTA-dPEG$_{12}$-BN(7-14)	114
4.7.3.	Inhibitionsversuch der Enzyme	116
4.8.	**Zellversuche**	**117**
4.8.1	PC-3 Zelllinie und Kultur	117
4.8.2.	Internalisierung	117
4.8.3.	Externalisierung	118
4.8.4.	Bioverteilung	119
5.	**Zusammenfassung/Schlussfolgerung**	**120**
6.	**Literaturverzeichnis**	**124**

ABKÜRZUNGEN

AAV	Allgemeine Arbeitsvorschrift
ACE	Angiotensin Converting Enzyme
ahx	Aminohexanoic acid
AMBA	Aminobenzoic acid
aoc	Aminooctanoic acid
ava	Aminovaleric acid
BN	Bombesin
Boc	*tert*-Butyloxycarbonyl
Bq	Becquerel, Zerfälle pro Sekunde
BSA	Bovine Serum Albumine
CCK	Cholecystokinin
CD	Circulardichroismus
Ci	Curie ($3.7 \cdot 10^{10}$ Bq)
CT	Computer Tomographie
DCCI	Dicyclohexylcarbodiimid
DCM	Dichlormethan / Methylenchlorid
DIC	Diisopropylcarbodiimid
DIPE	Diisopropylethylether
DIPEA	N,N-Diisopropylethylamin
DMEM	Dulbecco's Modified Eagle Medium
DMF	N,N-Dimethylformamid
DNS	Desoxyribonukleinsäure
DOTA	1,4,7,10-Tetraazacyclododecane-1,4,7,10-tetraacetic acid
DPD	3,3-Diphosphono-1,2-propandicarbonsäure
dPEG	„diskret" Polyethylenglykol (Monomer rein)
DTPA	Diethylentriamin-pentaacetat
ds	Standardabweichung
EDTA	Ethylendiamin-tetraacetat
EDDA	Ethylendiamin-diacetat
ESI	Elektro-Spray-Ionisation
FCS	Foetal Calf Serum
FDG	Fluordesoxyglukose
Fmoc	9-Fluorenylmethoxycarbonyl
G	Gradient
GLP	Glucagon-Like-Peptide

GPCR	G-Protein-Coupled Receptors
GIST	Gastrointestinal stromal tumors
GRP	Gastrin Releasing Peptide
HATU	O-(7-Azabenzotriazol-1yl)-1,1,3,3-tetramethyluronium hexafluorophosphat
HOBt	Hydroxybenzotriazol
HPLC	High Performance Liquid Chromatography
HSA	Humanes Serumalbumin
HSAB	Hard and Soft Acids and Bases
HYNIC	6-Hydrazinopyridin-3-carboxylsäure
HWZ	Halbwertszeit
IC	Inhibitions Constant
ID/g	Injizierte Dosis pro Gramm Gewebe
ITLC	Instant Thin Layer Chromatography
LET	Linearer Energie-Transfer
LHRH	Luteinizing-Hormone-Releasing-Hormone
LM	Lösungsmittel
KZ	Koordinationszahl
MAG$_3$	Mercaptoacetyltriglycin
MDP	Methylendiphosphonat
MeOH	Methanol
MIBI	Methoxyisobutylisonitril
MS	Massenspektroskopie
MSH	Melanozyten-Stimulierendes-Hormon
MTC	Medullary Thyroid Cancer
MW	Molecular Weight
nat	natürlich
NEP	Neutral-Endopeptidase
NK	Neurokinin
NLS	Nuclear Localizing Signal
NMP	N-Methylpyrrolidon
NOTA	1,4,7-Triazacyclononane-1,4,7-triacetic acid
NTR	Neurotensin
OC	D-Phe-[Cys-Phe-D-Trp-Lys-Thr-Cys]-Thr(ol) = Octreotide
OECD	Organisation for Economic Cooperation and Development
PE	Petroleumether (40-60°C)
PBS	Phosphate Buffered Saline
PET	Positronen Emissions Tomographie

RP	Reversed Phase
RT	Raumtemperatur
S	Säule
SCLC	Small Cell Lung Cancer
SP	Substanz P
SPECT	Single Photon Emissions Computer Tomographie
SPPS	Solid Phase Peptide Synthesis
sst	Somatostatin-Rezeptorsubtyp
***t*-Bu**	*tert*-Butyl
TETA	1,4,8,11-Tetraazacyclotetradecane-1,4,8,11-tetraacetic acid
TFA	Trifluoroaceticacid
TFE	Trifluorethanol
TIS	Triisopropylsilan
TOC	[Tyr^3]-Octreotide
t_R	Retentionszeit
UV/Vis	Ultraviolett/Visible
VIP	Vasoaktives Intestinales Peptid

1. Einleitung

1.1. Krebs

Jede Zelle des menschlichen Körpers lässt sich als eine weitgehend autonom funktionierende Einheit betrachten. Abgegrenzt durch eine Zellmembran kann diese „gezielt" Substanzen ins Zellinnere befördern bzw. aufnehmen und Zellprodukte ausscheiden. Im Inneren der Zelle sind kleine Miniatur-Organe, die Organellen, für diverse biochemische Aufgaben zuständig: Recyclinganlagen, Proteinwerkstätten, Energiekraftwerke, Abfallentsorgung oder die Steuerzentrale der Zelle dienen für nichts anderes, als die spezifische Funktion einer Zelle zu erfüllen, welche dem *homo sapiens* die Existenz und seine Verbreitung ermöglicht. Beinahe jede einzelne Zelle (Ausnahme: rote Blutkörperchen) trägt den exakten Bauplan des Lebens und dies in kodierter Form als Genom im Zellkern. Gene, die chemisch aus sogenannten Desoxyribonukleinsäuren (DNS) aufgebaut sind, bestimmen letztendlich die anatomische und physiologische Struktur und erhalten die Zellfunktionen aufrecht.

Im menschlichen Körper können sich in jeder Sekunde Millionen neuer Zellen bilden. Ein ausgewachsener Organismus ist so lange gesund und funktionsfähig, wie die Zahl der sterbenden der Zahl der entstehenden Zellen entspricht. Ein Ungleichgewicht kann zu Erkrankungen führen. Gerät eine Zelle ausser Kontrolle und teilt sie sich nach Belieben, obwohl für den Körper kein Bedarf besteht, kann - im Falle, dass die Nachkommen dieser Zelle den gleichen Drang haben, sich ungesteuert zu teilen - ein Klon von Zellen entstehen, welcher sich zuletzt bei weiterer expandierender Vermehrung zu einem Tumor, eine Masse von unerwünschten Zellen, entwickeln kann. Ein Tumor, der aus Zellen besteht, welche die Funktion einer natürlichen Zelle noch ausüben kann, sich nicht ausbreitet und von geringer Grösse ist, wird als *benigne* bezeichnet. Die *benignen* Tumoren können nur dann zu einem Risikofaktor werden, wenn sie aufgrund ihres Platzbedarfes andere Funktionen des benachbarten Gewebes in Mitleidenschaft ziehen. Zu den *benignen* Tumoren gehören zum Beispiel das Myom (gutartiger Tumor des Muskelgewebes) oder das Fibrom (Fleischwarze).

Wächst ein grosser Teil der Tumorzellen invasiv und lässt sich das Tumorzellgewebe schlecht vom gesunden Gewebe abgrenzen, ist meistens von *malignen* Tumoren die Rede. Die Fähigkeit Metastasen zu bilden – die Ausbreitung der Tumorzellen und die Bildung von Tochtergeschwülsten in anderen Organen - ist ebenso ein charakteristisches Merkmal eines *malignen* Tumors. Damit primäre oder sekundäre Tumoren wachsen können, benötigen sie eine ausreichende Blutversorgung. Deshalb induzieren die meisten Tumoren die Bildung neuer Blutgefässe, um den Tumor zu ernähren, was mit dem Begriff *Angiogenese* bezeichnet wird. Die neuen Blutgefässe ernähren den wachsenden Tumor nicht nur, sondern erhöhen noch die Wahrscheinlichkeit, dass sich weitere schädliche Mutationen ereignen.

Zusammenfassend lässt sich sagen:
Damit Krebs entsteht, sind genetische Veränderungen notwendig, wobei sich eine normale Zelle in der Regel erst nach mehreren Mutationen in eine maligne Zelle umwandelt (entspricht der Beobachtung, dass die Häufigkeit der meisten menschlichen Krebsarten mit dem Alter exponentiell zunimmt). Krebszellen teilen sich auch ohne wachstumsfördernde Faktoren und reagiern nicht auf *Apoptose* (programmierter Zelltod). Krebszellen haben die Fähigkeit, die Gewebewand zu durchbrechen und sich so im gesamten Körper durch sekundäre Tumoren auszubreiten (*Metastasierung*). Damit ein Tumor wachsen kann, benötigt dieser eine ausreichende Blutversorgung (*Angiogonese*: Bildung neuer Blutgefässe) (*1*).

Der Kampf gegen den Krebs wird schon seit langem geführt. Umfassendere Behandlungsmöglichkeiten gibt es nun in der modernen Zeit, wobei fortlaufend neue Methoden entwickelt werden. Heutzutage zählen zu den Standardbehandlungen die Immuntherapie, die Chemotherapie (Zytostatika stoppen Teilungsfähigkeit der Tumorzellen) und auch die Strahlentherapie. Unterteilt ist die Strahlentherapie in Radioonkologie (Strahlen werden gezielt auf den Tumor gerichtet) und die Nuklearmedizin bzw. Nukleare Onkologie (Strahlenquellen werden in den Körper bzw. zum Tumor gebracht).

Als Radioaktivität bezeichnet man spontane Umwandlungsprozesse in Atomen, bei denen energiegeladene Strahlen und Teilchen (**γ-Strahlen und β^--, β^+-, α-Teilchen, Auger-Elektronen**) an die Umgebung abgegeben werden.

1.2. Nuklearmedizin

Nuklearmedizin ist eine medizinische Disziplin, die sich mit der Anwendung von Radionukliden (Radioisotopen) in Diagnostik, Therapie und klinischer Forschung beschäftigt. Bei diagnostischen Untersuchungen wird im Wesentlichen die Funktion eines Organs untersucht (bzw. Stoffwechselstörungen). So lässt sich beispielsweise nach Verabreichung eines Radiodiagnostikums die Schilddrüsenfunktion mit einem geeigneten Gerät (γ-Kamera, SPECT, PET) darstellen. Dabei werden Substanzmengen im Bereich von wenigen Nanomol appliziert, sogenannte Tracer, die zwar eine pharmakologische Information enthalten, aber meist keine pharmakologische Wirkung entfalten.
In der Nuklearmedizin lassen sich alle Stoffwechselvorgänge untersuchen, für welche ein geeigneter Tracer vorliegt.

Radionuklide besitzen instabile Atomkerne, die Energie in Form von ionisierender Strahlung beim radioaktiven Zerfall abgeben. Für diagnostische Zwecke werden Radionuklide eingesetzt, die γ-Strahlen erzeugen bzw. Positronen emittieren. Die γ-Emission ist eine elektromagnetische Strahlung, die pro Wegeinheit wenig Energie abgibt (tiefer Linearer Energie-Transfer (LET)), wodurch sie auch dickere Gewebeschichten durchdringen kann. Somit lassen sich γ-Strahlen, die im Körper eines Patienten durch einen radioaktiven Zerfall entstanden sind, auch ausserhalb des Körpers durch geeignete Apparaturen und Kameratypen nachweisen.

	Radioisotop	$t_{½}$	Zerfallsart	$E_γ$ [keV]	$E_{β+}$ (max) [keV]
γ-Emitter	^{67}Ga	3.26 d	EC (100%)	93, 185, 300	
	^{99m}Tc	6.02 h	IT (100%)	141	
	^{111}In	2.81 d	Auger EC (100%)	172 (90%), 247 (94%)	
	^{123}I	13.2 h	EC (100%)	159	
PET-Nuklide	^{11}C	20,4 min	β⁺ (100%)		500
	^{18}F	109.7 min	β⁺ (96.7%) EC (3.3%)		500
	^{64}Cu	12.7 h	β⁺ (17.9%) β⁻ (39.0%)		655
	^{68}Ga	68 min	β⁺ (89.1%) EC (11.0%)		1883, 1077
	^{86}Y	14.7 h	β⁺ (100%)		1076, 628
	^{124}I	4.18 d	β⁺ (22.8%) EC (11.0%)		1530

Tabelle 1: Physikalische Daten einiger häufig verwendeten diagnostischen Radionuklide (4).

Für die Bildgebung werden Single Photon Emission Computed Tomography (SPECT) und Positron Emission Tomography (PET) bzw. gekoppelte Modalitäten, wie PET-CT (Abbildung 1) und SPECT-CT verwendet.

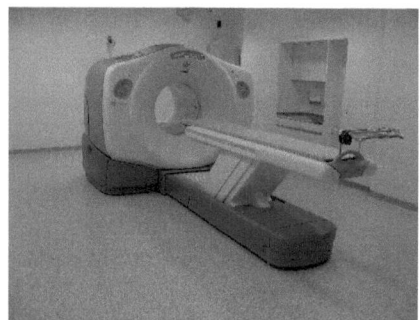

Abbildung 1: Bild (A) eines Positronen-Emissions-Tomographen Computertomographen (PET-CT); (B) Das Detektorsystem eines PET-CT Scanner's.

Beim Einsatz von γ-emittierenden Radioisotopen (Tabelle 1) werden für die Bildgebung SPECT-Geräte verwendet, die über eine, zwei oder mehrere Szintillationsdetektoren (Abbildung 2) verfügen und um die Körperachse des Patienten rotieren. Der Kopf eines Szintillationsdetektors besteht aus einem Kollimator, einem Detektor – ein Einkristall aus NaI(Tl) – und einem Photomultiplier. Dieser grossflächige Einkristall detektiert nur Gammaquanten, welche den Kollimator passiert haben. Mit Hilfe des Kollimators werden somit selektiv die Gammaquanten vom Einkristall detektiert, die aus einer definierten Richtung kommen. Jedes Gammaquant, das den Kristall erreicht, erzeugt einen Lichtblitz bzw. eine Szintillation. Da dieses Signal sehr intensitätsschwach ist, wird es durch einen Photomultiplier verstärkt und anschliessend in ein elektrisches Signal umgewandelt, verarbeitet und im Computer gespeichert bzw. angezeigt, wobei im Falle des SPECT's Schnittbilder vom Körper dargestellt werden können.

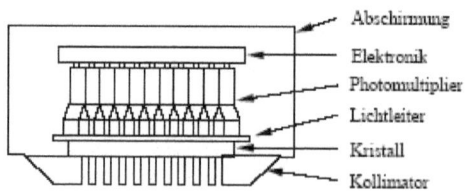

Abbildung 2: Schematische Darstellung eines Szintillationsdetektors (Abbildung aus Wikipedia).

Für die Positronen-Emissions-Tomographie braucht es Radioisotope, die beim Zerfall Positronen (β^+-Zerfall) emittieren. Da ein Positron sehr reaktiv ist, tritt es kurz nach seiner Entstehung in Wechselwirkung mit seinem Antiteilchen, dem Elektron. Durch die Fusion werden 2 Photonen, in Form von 511 keV γ-Quanten, erzeugt (Annihilation), welche sich in einem Winkel von ca. 180° voneinander entfernen. Treffen diese Gammastrahlen den um den Patienten angebrachten Detektorring während eines Zeitfensters von 10 ns, wird dies als Positron-Elektron-Vernichtung auf der gedachten Linie zwischen den signalgebenden Detektoren angenommen (Koinzidenz). Aus einer Vielzahl solcher Koinzidenzsignale kann ein Schnittbild und ein dreidimensionales Bild berechnet werden.

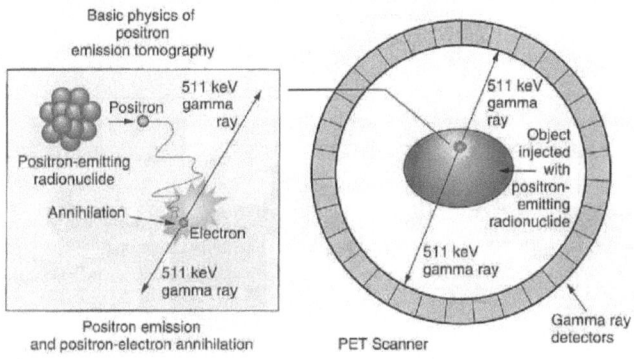

Abbildung 3: Schema des Positronenzerfalls, der Annihilation und der Koinzidenz.
(Abbildung aus cellsight technologies, imaging therapeutics, PET)

Der Detektorring besteht aus ringförmig angeordneten γ-Detektoren (aus Bismutgermanat, Lutetiumyttriumorthosilikat oder Lutetiumoxyorthosilikat aufgebaut), die in Koinzidenz geschaltet sind. Da die erzeugte Annihilation und die Emission eines Positrons nicht am gleichen Ort stattfinden, ist die örtliche Auflösung auf 2-3 mm beschränkt.
Durch die Koinzidenzmessung besitzt die PET jedoch eine geringere Streu- und Hintergrundstrahlung und damit eine bessere räumliche Auflösung sowie eine höhere Sensitivität gegenüber einer herkömmlichen SPECT-Aufnahme. Eine große Anzahl kurzlebiger Positronenemitter, wie ^{15}O, ^{13}N, ^{11}C, ^{18}F oder ^{68}Ga, kann für die Herstellung von PET-Radiopharmaka verwendet werden. Die Radionuklide ^{15}O, ^{13}N, ^{11}C oder ^{18}F besitzen alle eine kurze Halbwertszeit von wenigen Minuten bis Stunden und werden durch

Kompaktzyklotrone erzeugt. Die Produktion der Nuklide und die nachträgliche Verarbeitung zu einem Radipharmakon sollte aufgrund der Kurzlebigkeit der Isotope vor Ort erfolgen.

Damit das dem Patienten verabreichte Radiopharmakon das gewünschte Zielorgan bzw. Zielgewebe erreicht, benötigt man für das Radionuklid einen geeigneten chemischen Vektor. Der chemische Charakter (Vektor, Ligand, Chelator, Biomolekül) definiert die pharmakologische Eigenschaft des Radiopharmakons; er bestimmt beispielsweise den bevorzugten Ort der Anreicherung oder die Kinetik der Ausscheidung. So kann spezifisch eine Nierenuntersuchung mit ^{99m}Tc-MAG$_3$ (Mercaptoacetyltriglycin) durchgeführt werden, ein frischer Herzinfarkt kann durch ^{99m}Tc-Pyrophosphat nachgewiesen werden oder mit dem sehr bekannten ^{18}F-FDG (Fluordeoxyglucose) lässt sich der Glucosestoffwechsel darstellen (Tabelle 2).

Radiopharmakon	Ligand / Chelator	Anwendung
^{99m}Tc-MAG3	Mercaptoacetyltriglycin	Nierenszintigraphie
^{99m}Tc-MDP	Methylendiphosphonat	Knochenszintigraphie
^{99m}Tc-MIBI	Methoxyisobutylisonitril	Herperfusionsszintigraphie
^{111}In-HSA	Humanes Serumalbumin	Infektdiagnostik
^{18}F-FDG	Fluordesoxyglukose	Glukosestoffwechselszintigraphie

Tabelle 2: Nuklearmedizinische Radipharmaka für Routineuntersuchungen.

Während in der nuklearmedizinischen Diagnostik kurzlebige γ-Quanten und Positronen emittierende Nuklide verwendet werden, werden in der Therapie Radionuklide eingesetzt, die α- oder β$^-$-Strahlung emittieren und eine starke Wechselwirkung mit der Materie haben (Tabelle 3). Dies resultiert in einem hohen linearen Energietransfer (LET) und einer kurzen Partikelreichweite. β$^-$-Strahler senden Elektronen, die je nach Anfangsenergie eine geringe bis mittlere Reichweite haben (im Gewebe ein paar Millimeter), während α-Strahler zweifach positiv geladene Heliumkerne aussenden, die pro Wegeinheit viel Energie bis zu 8 MeV (^{213}Bi) abgeben und eine sehr kurze Reichweite haben (im Gewebe ca. 40 - 100 µm). Das an den Tumorzellen angebrachte Radiopharmakon kann somit seine volle Wirkung entfalten und durch die ionisierende Strahlung und die erzeugten Radikale die Tumorzellen abtöten. Da die Reichweite dieser Strahlen kurz ist, wird eine weitgehende Schonung des umgebenden, gesunden Gewebes ermöglicht (*2, 3*).

	Radioisotop	$t_{½}$	Zerfallsart	E_γ [keV]	max. E_{β^-} [keV]	max. E_α [keV]	Ø Reichweite [mm]
α-Emitter	^{211}At	7.2 h	α, EC	687		5982	0.06
	^{213}Bi	45.6 min	α	1101, 440		8400	0.08
	^{225}Ac	10.0 d	α	150, 100		5830	0.06
β$^-$-Emitter	^{90}Y	2.67 d	β$^-$ (100%)	---	2270		2.27
	^{131}I	8.02 d	γ (81%), β$^-$(19%)	364	606		0.31
	^{177}Lu	6.71 d	γ (11%, 6.4%), β$^-$ (79%)	113, 208	500		0.24
	^{186}Re	3.78 d	EC (9%), β$^-$	137	1071		0.67
	^{188}Re	17 h	γ (15%), β$^-$	155	2116		2.38

Tabelle 3: Physikalische Daten einiger häufig verwendeten therapeutischen Radionuklide (4).

Damit ein therapeutisches Radionuklid zu den Tumorzellen gelangt, benötigt es ein spezifisches Transportmittel (Trägersubstanz), das fähig sein sollte, via Blutkreislauf die Zielzelle zu erreichen und zu erkennen. Heutzutage werden in der Radiologischen Chemie Antikörper (Polypeptide), kleine Peptide oder kleine Moleküle als Transportmoleküle verwendet.

1.3. Rezeptorgesteuerte Radiopharmaka

In den letzten 15 Jahren haben rezeptorgesteuerte Radiopharmaka in der nuklearmedizinischen Onkologie an Bedeutung gewonnen. Der Grund für das steigende Interesse ist die Möglichkeit des „Rezeptortargeting". Viele Primärtumoren exprimieren an der Zelloberfläche bestimmte Rezeptoren in einem erhöhten Masse (*4*). Die Tumorzellen geben erstens durch dieses chemisch-molekulare Erkennungsmerkmal ein gutes Ziel ab und zweitens wird der Tumor selektiv angegriffen, da die gesunden Zellen viel weniger Rezeptoren exprimieren.

Nach dem „Schlüssel-Schloss-Prinzip" werden Vektoren entwickelt, die einerseits die passende Form zu dem gewünschten Rezeptor haben, und anderseits unter physiologischen Bedingungen eine hohe Stabilität aufweisen. Da viele Karzinome unterschiedliche Rezeptoren exprimieren, müssen für jede Krankheit individuell angepasste Vektormoleküle entwickelt werden, die auf natürlich vorkommenden Peptiden basieren.

1.3.1. Geschichtlicher Hintergrund

Tumore durch rezeptorgesteuerte Radiopharmazeutika (auf Peptidbasis) sichtbar zu machen, gelang erstmals vor ca. 20 Jahren. Damals wurde in der Nuklearmedizin ein radioaktiv markiertes Somatostatinanalogon zur *in vivo* Bildgebung humaner Tumore mittels Szintigraphie eingesetzt. Zu dieser Zeit war die Nuklearmedizin hauptsächlich eine diagnostische Disziplin, wobei vor allem die Bildgebung pathophysiologischer Vorgänge im Vordergrund standen (*5, 6*). Einige Jahre später wurden auch rezeptorgesteuerte Radiopharmazeutika eingesetzt, um Thrombosen (*7*) und Entzündungen (*8*) zu diagnostizieren.

1.3.2. Aufbau eines rezeptorgesteuerten Radiopharmakons

Alle chemischen Verbindungen, die von einem Rezeptor spezifisch gebunden werden, werden zusammenfassend als Liganden bzw. Vektoren bezeichnet.

Ist der Vekor auf einem Peptid aufgebaut und ist ein Radionuklid daran assoziiert, wird von einem rezeptorgesteurten Radiopeptid bzw. Radiopharmakon gesprochen (Abbildung 4).

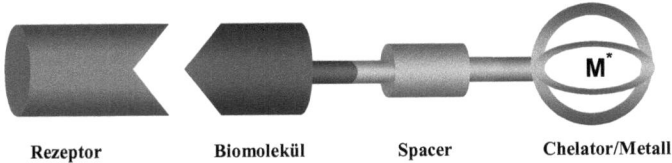

Rezeptor   **Biomolekül**   **Spacer**   **Chelator/Metall**

Abbildung 4: Schematische Darstellung des Aufbaus eines rezeptorgesteuerten Radiopharmakons.

Chemischer Teil:
1. Biomolekül (regulatorisches Peptid und deren Analoga)
2. Spacer/Linker
3. Bifunktioneller Chelator/Ligand

Signalgebender Teil:
4. Metallisches Radionuklid.

Die Auswahl des Biomoleküls wird durch die Natur des zellulären Zieles, also des Rezeptors bestimmt. Bei Peptiden werden meistens die im Körper natürlich vorkommenden Peptide als Vorlage für die Synthese gewählt und vor dem Hintergrund einer erhöhten Stabilität und Spezifität modifiziert.

1.3.2.1. Peptide

In der Physiologie des Menschen spielen die im Körper natürlich vorkommenden Peptide als Botenstoffe bzw. als Regulatoren von Wachstums- und Zellfunktionen eine wichtige Rolle. Regulatorische Peptide sind kleine Moleküle, die vor allem im Gehirn, Magen, Darm, in endokrinen Systemen, Nieren, Lungen, Immun- und Gefässsystemen vorkommen. In sehr kleinen Konzentrationen kontrollieren sie die Funktion fast aller Schlüsselorgane und metabolischen Prozesse im Körper (9). Die Wirkung dieser Peptide wird durch spezifische, membrangebundene Rezeptoren vermittelt. Die Mehrzahl dieser Rezeptoren gehört der Gruppe der sogenannten G-protein-coupled receptors (GPCR) an. Tabelle 4 fasst einige Beispiele von natürlichen Peptiden, deren Rezeptoren und Tumortypen, welche diese Rezeptoren exprimieren, zusammen.

Rezeptor	Natürliches Peptid	Tumortypen
Somatostatin-Rezeptorsubtypen: sst1-5	Somatostatin-14, Somatostatin-28	†MTC, Neuroendokrine Tumoren, Non-Hodgkin's Lymphom, ‡SCLC
VIP-/ PACAP-Rezeptoren	Vasoaktives Intestinales Peptid	Kolon-, Pankreaskarzinom, SCLC
CCK_1-, CCK_2-Rezeptoren	Cholecystokinin, Gastrin	Astrozytom, Insulinom, MTC, Ovarialkarzinom, SCLC
LHRH-Rezeptoren	Luteinizing-Hormone-Releasing-Hormone	Mamma-, Prostatakarzinom
α-MSH-Rezeptoren	Melanozyten-Stimulierendes-Hormon	Melanom
Bombesin-Rezeptorsubtypen: BB1-4	Bombesin / GRP	Gastrinom, MTC, Mamma-, Prostatakarzinom, SCLC, GIST
NTR1-, NTR2- und NTR3-Rezeptoren	Neurotensin	Astrozytom, Kolonkarzinom, Exokrine Pankreas, SCLC
Neurokinin-1	Substanz P	Astrozytom, Glioblastom
GLP-1-Rezeptor	Glucagon-Like-Peptide	Insulinom, Gastrinom
NPY Rezeptorsubtypen: Y_1-Y_6	Neuropeptid Y	Astrozytom, Mammakarzinom

†MTC (medullary thyroid cancer),
‡SCLC (small cell lung cancer)

Tabelle 4: Überexprimierte Peptidrezeptoren von menschlichen Primärtumoren und den dazu passenden natürlichen Liganden (*4, 10*).

In dieser Arbeit werden drei native regulatorische Peptide vorgestellt, die unterschiedliche Funktionen im Körper haben: Somatostation, Substanz P und Bombesin.

1.3.2.1.1. Somatostatin

Somatostatin-14

H-Ala-Gly-Cys-Lys-Asn-Phe-PheTrp
        | |
HO-Cys-Ser-Thr-Phe-Thr-Lys

Somatostatin-28

H-Ser-Ala-Asn-Ser-Asn-Pro-Ala-Met-Ala-Pro-Arg-Glu-Arg-Glu-Arg-Lys-Ala-Gly-Cys-Lys-Asn-Phe-PheTrp
                                                                                                 | |
                                                                      HO-Cys-Ser-Thr-Phe-Thr-Lys

Abbildung 5: Primärstruktur der natürlichen Somatostatin Peptide.

Es gibt 2 Formen des natürlichen Somatostatins. Das erste ist ein 14 Aminosäuren und das andere ein 28 Aminosäuren langes Peptid (Abbildung 5). Beide Peptide treten in einigen Organsystemen, wie dem Zentralnervensystem, dem Magen-Darm-Trakt, dem endokrinen und exokrinen Pankreas und dem Immunsystem auf. Somatostatin-Peptide können ein breites Spektrum von physiologischen Funktionen inhibieren wie zum Beispiel die Glukagon-, Insulin- oder Gastrin-Sekretion (*11*). Weiterhin haben Somatostatin-Peptide die Fähigkeit, das Tumorwachstum zu hemmen (*12, 13*).

Da neuroendokrine Tumore, *Non-Hodgkin-Lymphome* oder Mamma-Karzinome Somatostatin-Rezeptoren überexprimieren, sind die Somatostatin-Peptide bzw. deren Derivate interessante Biomoleküle. Es sind fünf menschliche Somatostatin-Rezeptor-Subtypen (sst$_1$, sst$_2$, sst$_3$, sst$_4$, sst$_5$) bekannt (*14, 15*), wobei bei neuroendokrinen Tumoren vor allem der Subtyp 2 und der Subtyp 5 weit verbreitet sind. Das native Somatostatin-28 bindet mit einer Affinität im nanomolaren Bereich an alle 5 sst-Rezeptorsubtypen, die aus humanem Gewebe kloniert wurden (*16*). Da die natürlichen Somatostatin-Peptide im Körper innerhalb von Minuten enzymatisch abgebaut werden, wurden Analoga synthetisiert, die eine höhere Stabilität aufweisen. Bei der ersten Verbindung, die in der Nuklearmedizin einem Patienten für eine *in vivo* Bildgebung appliziert wurde, handelt es sich um das Somatostatin-Derivat ^{123}I-Tyr^3-Octreotid (*6*). Um **metallische** Radionuklide zu verwenden, muss an das Peptid ein Chelator kovalent gebunden sein, damit sich ein stabiler Radiometallkomplex bildet. So wurden in den letzten 15 Jahren unterschiedliche Chelatoren an Somatostatin-Derivate gekoppelt, wie zum Beispiel das weltweit erste registrierte Peptid-Chelator-Konjugat DTPA-Octreotid (Abbildung 6), das mit ^{111}In markiert werden kann (Octreoscan®) und eine niedrige nM Affinität (IC$_{50}$-Wert) zum Somatostatin-Rezeptor Subtyp 2 zeigt. Zu den anderen Subtypen weist Octreoscan® eine deutlich schlechtere Affinität auf (*5*).

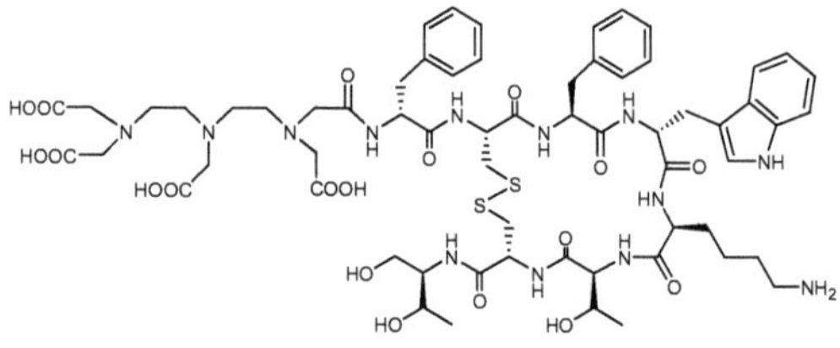

Abbildung 6: Strukturformel von [DTPA-D-Phe^1]-Octreotid (Octreoscan®).

Das erste therapeutisch geeignete Radiopharmakon, auf Somatostatin-Peptid basierend, war das mit einem ^{90}Y besetzten Somatostatin-Derivat [DOTA,Tyr^3]-Octreotide (DOTATOC, Abbildung 7) (*17, 18*).

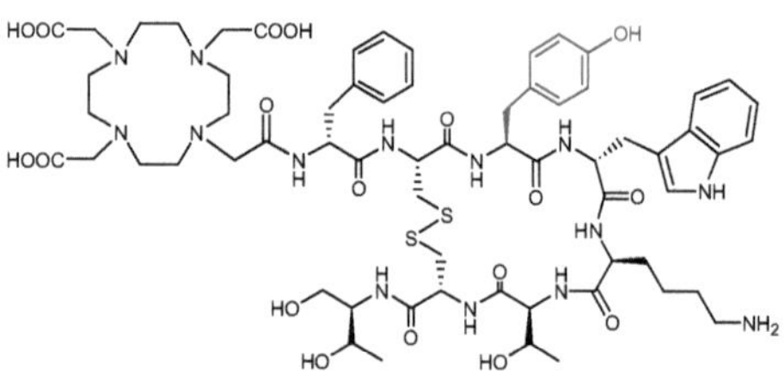

Abbildung 7: Strukturformel von [DOTA-Tyr^3]-Octreotide.

1.3.2.1.2. Substanz P (SP)

Arg^1-Pro^2-Lys^3-Pro^4-Gln^5-Gln^6-Phe^7-Phe^8-Gly^9-Leu^{10}-Met^{11}-NH$_2$

Abbildung 8: Primärstruktur des natürlichen Substanz P.

Das Peptid Substanz P (SP) ist ein Undecapeptid (Abbildung 8), das zu der Familie der Tachykinine gehört. Die Vertreter dieser Familie sind Gewebehormone und Neuropeptide und besitzen die gleiche C-terminale Sequenz Phe-X-Gly-Leu-Met-NH$_2$. Substanz P ist als Neurotransmitter oder Neuromodulator in neuralen und nichtneuralen Strukturen des

peripheren und zentralen Nervensystems weit verbreitet (*19*). Ebenso hat SP eine Funktion in der Schmerzwahrnehmung und der Erweiterung der Blutgefässe (*20*).
Substanz P ist das natürliche Biomolekül zum Neurokinin-1-Rezeptor (NK_1-R). *Hennig et al.* haben vor ein paar Jahren mit Hilfe von ^{125}I markierter Substanz P entdeckt, dass Zellen von Tumoren, wie z.B. Glioblastomen, medulläre Schilddrüsenkarzinome und kleinzelligen Lungenkarzinomen, Rezeptoren des Typs NK_1 überexprimieren (*21*). Niedriggradige Hirntumoren hingegen weisen oft eine hohe Anzahl an Somatostatinrezeptoren auf.
Da SP fähig ist, das Wachstum von bösartigen Tumorzellen zu stimulieren (*22*), lässt sich diese Krebsproliferation mit NK_1-Rezeptor-Antagonisten inhibieren, wie dies bei U373 MG Xenografts festgestellt wurde (*23*).
Breeman et al. synthetisierten ein SP-Derivat, welches am N-Terminus mit DTPA modifiziert und mit dem γ-Emitter ^{111}In markiert wurde. Es entstand eine ähnliche Verbindung wie das Somatostatin-Derivat ^{111}In-OctreoScan. Das Pharmazeutikum ^{111}In-DTPA-SP wurde zur szintigraphischen Visualisierung von NK_1-Rezeptor-positivem Gewebe im Menschen eingesetzt (*24*). Leber, Niere und Milz zeigten eine Anreicherung der verabreichten Substanz, aber auch des Thymus (eine Drüse des lymphatischen Systems, die sich hinter dem Brustbein befindet).

1.3.2.1.3. Bombesin

Pyr^1-Gln^2-Arg^3-Leu^4-Gly^5-Asn^6-Gln^7-Trp^8-Ala^9-Val^{10}-Gly^{11}-His^{12}-Leu^{13}-Met^{14}-NH_2

Abbildung 9: Primärstruktur des natürlichen Bombesin.

Im Jahre 1970 wurde von *Anastasi et al.* erstmals ein Tetradecapeptid namens Bombesin (Abbildung 9) aus der Haut des europäischen Frosches *bombina bombina* isoliert (*25, 26*). Dieses natürliche Peptid beeinflusst unter anderem die vaskuläre und extravaskuläre Muskulatur, die Gastrinsekretion und die Nierenfunktionen (*25, 26*).
Acht Jahre später entdeckten *McDonald et al.* das gastrin-releasing peptide (GRP) im Extrakt von Schweinemägen und Schweinedärmen (*27*). Dieses Peptid weist in Säugetieren ähnliche biologische Eigenschaften auf wie Bombesin in Amphibien. Die Primärsequenz von GRP wurde analysiert und als ein Heptacosapeptid identifiziert.
GRP reguliert primär im Zentralnervensystem die physiologischen Prozesse, wie zum Beispiel das Sättigungsgefühl, die Körpertemperatur, die Kontraktion der Darmmuskeln, die

Immunfunktion und auch die Sekretion von Gastrin und anderen Peptidhormonen (28). Schon vor ca. 15 Jahren wurde beobachtet, dass Tumorzelllinien und auch menschliche Primärtumore fähig sind, GRP zu synthetisieren. *Cuttitta et al.* konnten daraufhin zeigen, dass das Wachstum von kleinzelligen Lungenkarzinomen (SCLC) durch die Peptide GRP bzw. Bombesin über den Mechanismus der autokrinen Signalübertragung stimuliert wurden (29, 30). SCLC ist ein überaus aggressiver Tumor mit einer sehr schlechten Prognose. Die Zellproliferation wird dabei durch die Zelle selbst hervorgerufen, welche wachstumsfördernde GRP-Peptide sezerniert und an den eigens exprimierten GRP-Rezeptor bindet. Makrochelatorgekoppelte Bombesin Analoga könnten als Liganden für den GRP-R für diagnostische bzw. therapeutische Zwecke eingesetzt werden.

Durch eine frühere Diagnose mittels spezifisch bindendem, radioaktiv markiertem Bombesin-Derivat könnte die Überlebensrate eventuell verbessert werden. An tumortragenden Nacktmäusen konnte gezeigt werden, dass GRP-Antagonisten in der Lage sind, die Zellvermehrung zu stoppen (31). Die Stimulation der Proliferation durch GRP wurde später auch in Prostata-, Brust- und Pankreaskrebszellen beobachtet (32-34).

Bombesin und GRP vermitteln ihre Effekte durch Membran-gebundene GPCR, wobei bis heute vier Subtypen der Bombesin-Rezeptor-Familie bekannt sind (Tabelle 5): Neuromedin B (BN1), GRP (BN2), orphan Bombesin-3 (BN3) und der Bombesin-Rezeptor 4 (BN4) (35-38).

Subtyp	Natürliche Peptide	Sequenz	Herkunft
BN1	Neuromedin B (NMB)	Gly^1-Asn^2-Leu^3-Trp^4-Ala^5-Thr^6-Gly^7-His^8-Phe^9-Met^{10}-NH_2	Mensch
BN2	Gastrin Releasing Peptid (GRP)	Val^1-Pro^2-Leu^3-Pro^4-Gly^5-Gly^6-Gly^7-Thr^8-Val^9-Val^{10}-Leu^{11}-Thr^{12}-Lys^{13}-Met^{14}-Tyr^{15}-Pro^{16}-Arg^{17}-Gly^{18}-Asn^{19}-His^{20}-Trp^{21}-Ala^{22}-Val^{23}-Gly^{24}-His^{25}-Leu^{26}-Met^{27}-NH_2	Mensch
BN3	BRS-3	nicht identifiziert	Mensch
BN4	Bombesin (BN)	Pyr^1-Gln^2-Arg^3-Leu^4-Gly^5-Asn^6-Gln^7-Trp^8-Ala^9-Val^{10}-Gly^{11}-His^{12}-Leu^{13}-Met^{14}-NH_2	Frosch

Tabelle 5: Die vier Subtypen der Bombesin-Rezeptor Familie und deren natürlichen Bombesinpeptide. Nebst der Sequenz der Peptide wurde der Vorkommensort aufgelistet.

Nicht alle Subtypen sind gleich häufig exprimiert. Der am häufigsten vorkommende Subtyp ist der GRP-R, der von unterschiedlichen Karzinomen wie Prostata-, Mammakarzinomen, Gastrinomen oder Gastrointestinalen Stromatumoren (GIST) überexprimiert wird (Tabelle 6) (39, 40).

Tumortyp	GRP-R Anteil [%]	Gewebeproben
Prostatakarzinom	100%	30 / 30
Gastrinoma	100%	5 / 5
GIST	84%	16 / 19
Brustkarzinom	72%	41 / 57
Nierenzellkarzinom	38%	6 / 16
SCLC	33%	3 / 9

Tabelle 6: *In vivo*-GRP-Rezeptorexpression bei verschiedenen Tumoren (*39, 40*).

Das Adenokarzinom der Prostata ist bei Männern ab dem 65. Lebensjahr die häufigste Tumorerkrankung. Das mittlere Alter der Diagnose liegt bei 71 Jahren. Die meisten Karzinome, die während der Obduktion entdeckt werden, sind klein, gut differenziert und zeigen keine Tendenz zur Invasion. Bei Männern, die am Prostatakarzinom versterben, findet man jedoch meistens grosse und invasive Karzinome, die den Schluss zulassen, dass das Prostatakarzinom unterschiedliche Entwicklungsstufen durchläuft (*41*).

Vergleicht man die Struktur des amphibischen Bombesin-Peptids mit der Struktur des Säugetier-GRP-Peptids, erkennt man eine gewisse Homologie im C-Terminus des Peptides, wobei die letzten 7 Aminosäuren Trp-Ala-Val-Gly-His-Leu-Met-NH$_2$ sogar identisch sind (Tabelle 5). *Broccardo et al.* haben gezeigt, dass genau diese Sequenz des C-Terminus relevant ist für die hohe Bindungsaffinität zu Bombesin-Rezeptoren und die physiologische Aktivität (*42*).

Mittlerweile wurden viele unterschiedliche Radipharmaka auf der Basis von Bombesin entwickelt und *in vitro* bzw. *in vivo* untersucht (*43-54*).

1.3.2.2. Spacer

Ein im Radiopharmazeutikum integrierter Spacer kann unterschiedliche Einflüsse auf die Pharmakokinetik und biologischen Eigenschaften einer Verbindung haben.
Der Signal gebende Komplex kann die Bindungsleistung des Biomoleküls zum gesuchten Rezeptor negativ beeinflussen, deshalb versucht man, dies z.B. mit einem künstlichen Abstand zwischen Signalmolekül und Biomolekül zu verhindern.

Abhängig vom ausgewählten Spacer lässt sich die Eigenschaft des gesamten Radiopharmakons in Bezug auf Lipophilie oder Rigidität verändern, was wiederum einen Einfluss auf die pharmakokinetische Eigenschaft hat.

Ein Spacer kann auch als Linker dienen, indem er über einen separaten Seitenarm eine zusätzliche Funktionalität in das Radiopharmakon miteinbezieht. Solche modifizierten Peptide werden trifunktionelle Peptide genannt.

Zum Beispiel:

- Beim Einsatz von Radionukliden (^{195m}Pt, ^{111}In), die Auger-Elektronen emittieren, wird ein zusätzliches Molekül, ein sogenannter „nuclear localizing signal" (NLS) benötigt, um das Pharmakon direkt zum Zellkern der Tumorzelle zu transportieren (55). Die Assoziation des Radiopharmakons an die DNS ist von hoher Relevanz, da Auger-Elektronen eine sehr kurze Reichweite (50 nm) haben und eine relativ niedrige Energie (10 eV bis 1.3 keV) besitzen. Die biologische Wirkung dieser dicht ionisierenden Strahlen besteht aus dem Einzel- bzw. Doppelstrangbruch der DNS. Falls dieser Defekt nicht durch die Rekombinationsreparatur behoben wird, erleiden die betreffenden Zellen den Zelltod.

- Daneben lassen sich auch Kombinationstherapien bewerkstelligen, indem ein chemotherapeutisches Arzneimittel, beispielsweise das Doxorubizin, mittels Linker an das Radiopharmakon gekoppelt werden könnte, um eine zusätzliche zytotoxische Wirkung in den Krebszellen zu entfalten (56).

- Durch den Einbau eines Zucker-Derivates in das Radiopharmakon lassen sich die pharmakokinetischen Eigenschaften des Moleküls beeinflussen (57). Diese zusätzliche Funktionalität des Moleküls führt z.B. zu einer schnelleren Blut-Clearance.

- Für den Fall, dass das Peptid selber eine pharmakologische Wirkung aufweist (58), lassen sich mittels Linkersystem mehrere Chelatoren für die Komplexierung eines Radionuklides an das Biomolekül koppeln (56). Damit kann die spezifische Aktivität (Radioaktivitätsmenge pro mol Substanz) erhöht werden.

1.3.2.3. Signalmolekül

Verfügt eine Peptidsequenz über die Aminosäure Tyrosin, lassen sich direkte Markierungen mit Iod (^{123}I, ^{124}I, ^{125}I und ^{131}I) realisieren, wie es ursprünglich mit dem Tyrosin modifizierten Somatostatin-Derivat Tyr^3-Octreotide demonstriert wurde (59). Tyrosin ist jedoch nicht als Ligand geeignet, um metallische Radioisotope zu binden. Damit metallische Radioisotope verwendet werden können, wird eine organische Verbindung benötigt, die einerseits einen stabilen Metallkomplex mit dem therapeutischen bzw. diagnostischen Radioisotop bildet und anderseits eine kovalente Bindung mit dem Peptid eingehen kann. Diese organischen Verbindungen bezeichnet man daher auch als bifunktionelle Chelatoren.

1.3.2.3.1. Chelatoren und Radiometalle (exkl. Technetium-99m)

Damit ein Radiopharmakon im klinischen Routinebetrieb zum Einsatz kommt, müssen viele Bedingungen erfüllt sein. Eine davon ist, dass das Radioisotop in einem thermodynamisch stabilen und kinetisch inerten Zustand an den Chelator des Pharmakons komplexiert ist, da dissoziierte Radiometalle im Körper hohe toxische Wirkungen entfalten können. Es ist zum Beispiel bekannt, dass freie ^{90}Y-Ionen sich im Knochen ablagern und schwere Schäden des Knochenmarks verursachen (*60*).

Die physikalisch-chemische Eigenschaft eines Radionuklids hilft bei der Wahl geeigneter bifunktioneller Chelatoren. Lutetium zum Beispiel gehört im Periodensystem zu den Lanthanoiden, für welche die Bildung dreiwertiger Kationen charakteristisch ist. In wässriger Lösung beträgt die Koordinationszahl der Lanthanoiden mit dem Liganden H_2O normalerweise 9. Die neun Wassermoleküle im Komplex $[M(H_2O)_9]^{3+}$ bilden meistens ein dreifach überkapptes trigonales Prisma. Die Lanthanoid-Kationen gehören der Klasse der harten Säuren an, die nach dem HSAB-Konzept mit harten Basen stabile Komplexe bilden. Vertreter der harten Basen sind Liganden, die wenig polarisierbar und klein sind wie N-, O- und COO^--Verbindungen.

Element	Oxidationsstufe	Ionenradius [pm]	KZ
Gallium	Ga^{3+}	62	6
Yttrium	Y^{3+}	89	8
Indium	In^{3+}	81	8
Lutetium	Lu^{3+}	93	9

Tabelle 7: Ionenradius der Metalle bei Oxidationsstufe III.

Gallium und Indium sind Homologe und zählen zu den Elementen der 3. Hauptgruppe, die hauptsächlich die beständige Oxidationsstufe +III haben. Sowohl Indium wie auch Gallium besitzen einen ausgeprägt harten Lewissäure-Charakter und bevorzugen wie Lutetium Liganden bzw. Chelatoren, die Sauerstoff- und Stickstoffatome als Donoren enthalten. Von der Koordinationschemie her bilden Galliumionen zwischen 3- und 6-fach und Indiumionen sogar zwischen 6- und 8-fach koordinierte Metallkomplexe (Tabelle 7) *(61-63)*. Das Radioisotop ^{68}Ga ist ein Positronenemitter, welcher gute radiophysikalische Eigenschaften besitzt. Die Positronen-Ausbeute ist mit 89% sehr hoch und die Halbwertszeit mit 68 min genug lang für die Bildgebung. Ein weiterer Vorteil dieses Radioisotops ist seine tägliche Verfügbarkeit, die durch ein ^{68}Ge/^{68}Ga-Generatorsystem gewährleistet ist. Ebenso attraktiv ist die Halbwertszeit des Mutternuklids ^{68}Ge mit 270 d, die es erlaubt, einen Generator für länger als ein Jahr zu gebrauchen *(64)*.

Bei der Entwicklung neuer rezeptorspezifischer Radipharmaka haben sich zur Komplexierung von Radiometallen besonders azyklische (Abbildung 10) und makrozyklische (Abbildung 11) Chelatoren bewährt. In Abhängigkeit vom Radioisotop lassen sich Chelatoren mit einer unterschiedlichen Anzahl von Donoratomen (zwischen 6 und 8) einsetzen.

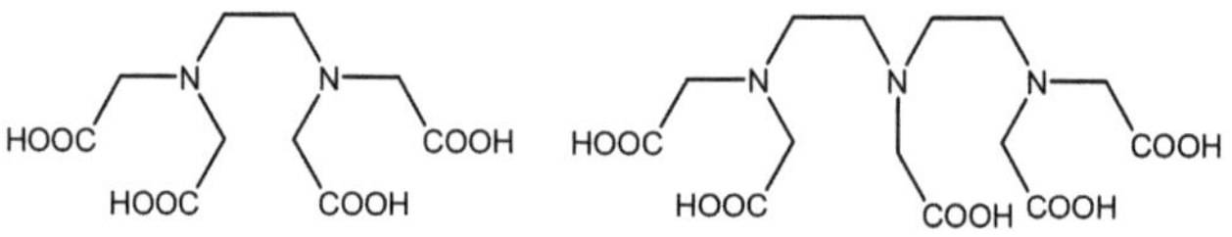

EDTA   DTPA

Abbildung 10: Chemische Struktur der azyklischen Chelatoren, basierend auf Polyazacarboxylat, EDTA = Ethylendiamintetraacetat; DTPA = Diethylentriaminpentaacetat.

Das erste klinisch etablierte peptidische Radiopharmakon zur Visualisierung von neuroendokrinen Tumoren war ein Diethylentriaminpentaacetat (DTPA)-modifiziertes Somatostatin-Derivat markiert mit ^{111}In^{3+} (unter dem Namen Octreoscan® im Handel) *(5)*. Der offenkettige Chelator DTPA wurde über einen der Acetat-Seitenarme unter Ausbildung einer Amidfunktion an das Peptid gekoppelt. Noch heute ist DTPA der Chelator der Wahl für die Immobilisierung von ^{111}In^{3+}. Man erhoffte sich, durch eine Markierung mit Yttrium-90 (reiner β⁻-Emitter) das Octreoscan auch therapeutisch einzusetzen. Es hat sich jedoch gezeigt, dass die ^{90}Y-markierten DTPA-Konjugate im Gegensatz zu ^{111}In-markierten *in vivo* zu labil sind *(65)*, so dass sich ein Teil der Aktivität im Knochen akkumulieren kann *(66, 67)*.

Allgemein zeigen Metallkomplexe, bestehend aus makrozyklischen Chelatoren, gegenüber azyklischen Chelatoren eine höhere thermodynamische und kinetische Stabilität *(68)*. Der

Nachteil der Makrozyklen gegenüber den azyklischen Chelatoren ist die langsamere Kinetik der Bildung eines Metallkomplexes.

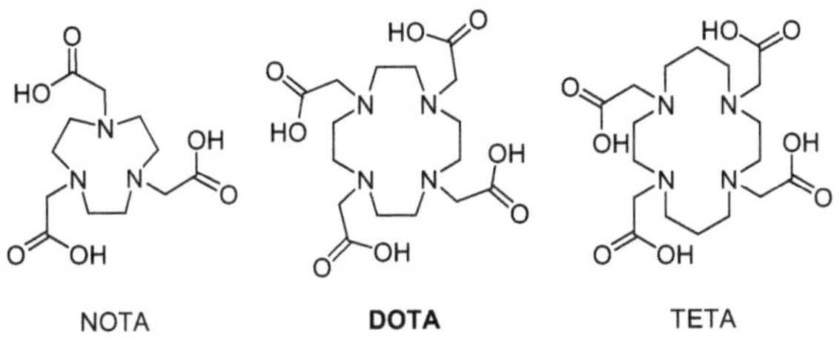

Abbildung 11: Chemische Struktur der makrozyklischen Chelatoren, basierend auf Polyazacarboxylat-Chelatoren, NOTA = 1,4,7-Triazacyclononane-1,4,7-triacetic acid; DOTA = 1,4,7,10-Tetraazacyclododecane-1,4,7,10-tetraacetic acid; TETA = 1,4,8,11-Tetraazacyclotetradecane-1,4,8,11-tetraacetic acid.

Heutzutage werden fast nur noch makrozyklische Chelatoren verwendet. Makrozyklische Chelatoren sind mehrzähnige Liganden, deren koordinierende Atome in einem grossen Ring fixiert sind. Abhängig vom Radioisotop werden makrozyklische Chelatoren verwendet, die am Stickstoff durch Carboxymethylgruppen substituiert sind. Makrozyklische Liganden führen zu kinetisch stabileren Komplexen als azyklische Chelatliganden (69). Diese erhöhte Stabilität lässt sich hauptsächlich auf den Enthalpieeffekt zurückführen. Die Ringgrösse der makrozyklischen Chelatoren kann variabel gewählt und auf das zu verwendende Radiometall abgestimmt werden. Zu den 2 wichtigsten makrozyklischen Chelatoren in der Radiologischen Chemie gehören DOTA und NOTA. DOTA ist ein auf Cyclen-basierender Chelator, der stabile Komplexe mit einer Reihe von Radioisotopen wie z.B. $^{111}In^{3+}$, $^{177}Lu^{3+}$ oder $^{90}Y^{3+}$ bildet. Besonders bemerkenswert an DOTA, gegenüber NOTA und TETA, ist die Bildung stabiler Metallkomplexe verschiedener di- und trivalenter Metallionen mit stark unterschiedlichen Ionenradien (70).
NOTA wird im Wesentlichen als Makrochelator für Gallium-Ionen gewählt.

1.3.2.4. Technetium-99m und dessen Chelatoren bzw. Liganden

In der diagnostischen Anwendung der Nuklearmedizin stellt momentan ^{99m}Tc immer noch das wichtigste Radioisotop dar (71). Schon vor 40 Jahren wurden ^{99m}Tc-markierte Radiopharmaka für die Untersuchung von inneren Organen mittels planarer Szintigraphie verwendet (72, 73).

Der Grund für diesen hohen Stellenwert des ^{99m}Tc, liegt an seinen idealen kernphysikalischen Eigenschaften, der guten Verfügbarkeit über Generatorsysteme, der geringen Produktionskosten und der einfachen Markierungschemie über Kitformulierungen.

Die Halbwertszeit beträgt nur 6.02 h, was ausreicht, um die meisten biochemischen Vorgänge zu verfolgen, und vorteilhaft ist im Hinblick auf die Strahlenbelastung des Patienten. Die Strahlung von 141 keV ist hoch genug, um dickes menschliches Gewebe zu durchdringen, und liegt in einem idealen Energiebereich, bei dem die Ansprechwahrscheinlichkeit des verwendeten Detektormaterials am höchsten ist.

Die komfortable Verfügbarkeit des Radioisotops über einen ^{99}Mo/^{99m}Tc-Generator, ist für die Klinik bezüglich routinemässiger Radiopharmaka-Herstellung optimal.

Das Generatorsystem ist wie folgt aufgebaut:

Im Zentrum einer dicken Bleiabschirmung befindet sich eine kleine Glassäule, die mit einem Ionenaustauscher aus Al_2O_3 gefüllt ist, an welchem das Mutternuklid als Molybdat-Ion (^{99}MoO$_4^{2-}$) adsorbiert ist. Beim Zerfall des Mutternuklids entsteht zu 88,6% das gewünschte metastabile Pertechnetat ^{99m}TcO$_4^-$. Aufgrund der unterschiedlichen Ladung lässt sich das Pertechnetat mit physiologischer Kochsalzlösung eluieren und somit vom Mutternuklid trennen (Abbildung 12).

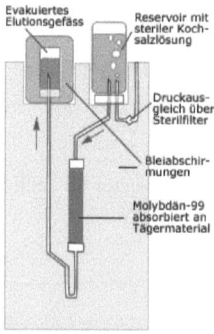

Abbildung 12: Schema des ^{99}Mo/^{99m}Tc-Generatorsystems (Abbildung aus Google-Bild).

Das metastabile $^{99m}TcO_4^-$ zerfällt selbst zu $^{99}TcO_4^-$, das mit einer Halbwertszeit von 210'000 Jahren, als quasistabil gilt und durch β⁻-Emission zum stabilen $^{99}RuO_4^-$ zerfällt (Abbildung 13).

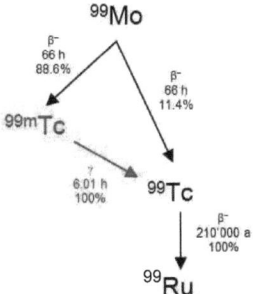

Abbildung 13: Zerfallsreihe von Molybdän-99 zu Ruthenium-99 (Abbildung aus (57)).

1.3.2.4.1. Chemie des ^{99m}Tc

Technetium ist ein Übergangsmetall, welches sich in der zweiten Reihe (5. Periode) und in der Nebengruppe VIIB im Periodensystem befindet. Übergangsmetalle aus zweiter und dritter Reihe zeigen gegenüber den Elementen aus der ersten Reihe eine grössere Komplexität (hohe Ligandfeldaufspaltung) in ihrem chemischen Verhalten. Dies manifestiert sich beim Technetium über die Vielfalt der Oxidationsstufen von –I bis +VII und über die höhere Stabilität der hohen Oxidationsstufen.

Die meisten Radiopharmaka besitzen Technetium-99m-Komplexe in der Oxidationsstufe +V, teilweise aber auch +IV, +III und +I. Damit Technetium-99m sich zur Markierung von Molekülen eignet, muss somit $^{99m}TcO_4^-$ von Oxidationsstufe +VII in eine niedrige Stufe reduziert werden. Dazu werden Reduktionsmittel wie $Na_2S_2O_4$, $SnCl_2$, Phosphine oder Zink eingesetzt.

Die Struktur des entstehenden Komplexes und die Oxidationsstufe des Technetiums hängen sowohl vom Reduktionsmittel wie auch vom Liganden ab.

Technetium(V)-Komplexe sind vielfach Oxo- bzw. Dioxokomplexe mit zusätzlichen O-, S-, N- oder P-Liganden, wie zum Beispiel azyklische bzw. makrozyklische Chelatoren. Vor allem gemischte Schwefel-Sauerstoff- oder Schwefel-Stickstoff-Chelatoren sind bekannt für die Bildung von stabilen Tc-Komplexen, die eine quadratisch-pyramidale Struktur besitzen. Zurzeit kommt beispielsweise ^{99m}Tc(V)-Mercaptoacetyltriglycin (MAG$_3$) in der Nierenszintigraphie zum praktischen Einsatz (Abbildung 14).

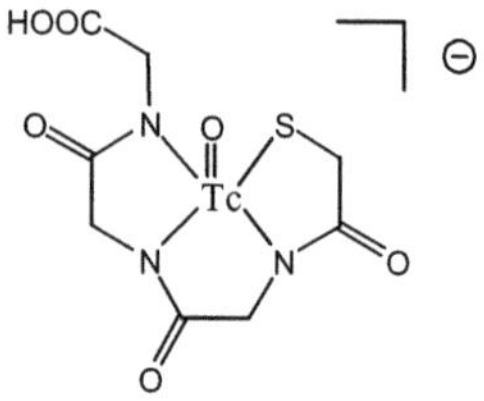

Abbildung 14: Chemische Struktur von ^{99m}Tc(V)-MAG$_3$ (Mercaptoacetyltriglycin).

Phosphonate werden vor allem in der Knochenszintigraphie eingesetzt, da sie eine hohe Affinität zu Ca^{2+} besitzen. Der Komplex reichert sich am Calciumhydroxyapatit des Knochens an. In der Nuklearmedizin haben sich ^{99m}Tc(IV)-Komplexe mit Methylendiphosphonat (MDP) und 3,3-Diphosphono-1,2-propandicarbonsäure (DPD) sehr bewährt (Abbildung 15).

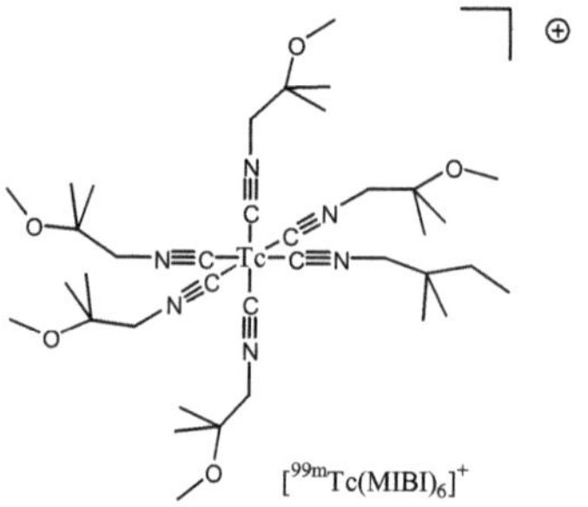

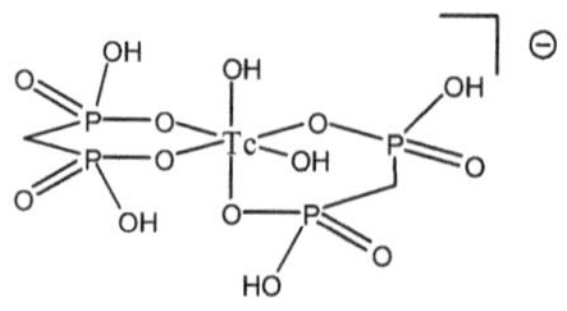

Abbildung 15: Chemische Struktur von [^{99m}Tc(MIBI)$_6$]$^+$ und [^{99m}Tc(OH)(MDP)]$^-$.

Auch ^{99m}Tc mit der Oxidationsstufe +I ist in der Nuklearmedizin routinemässig vertreten. Der Ligand Methoxyisobutylisonitril (MIBI) wird für die Herzperfusionsszintigraphie verwendet. Als weicher Akzeptorligand bildet MIBI mit ^{99m}Tc einen einfach positiv geladenen Isonitrilkomplex mit der Koordinationszahl 6. Die Stabilisierung der Tc(I)-Oxidationsstufe findet durch π-Rückbindungen der d-Orbitale des ^{99m}Tc in die leeren antibindenden Orbitale des Liganden statt.

1.3.2.4.2. ^{99m}Tc in Rezeptor spezifischen Radipharmazeutika

Seit der Einführung des ^{99}Mo/^{99m}Tc-Generatorsystems Ende der fünfziger Jahre wurde das Ziel verfolgt, monoklonale Antikörper mit ^{99m}Tc zu markieren. Antikörper können sich spezifisch am Tumorgewebe anreichern, durch die Bindung an Tumormarker wie Proteine, Glykoproteine, Glykolipide oder Polysaccharide. Vier unterschiedliche Methoden monoklonale Antikörper zu markieren wurden entwickelt: „direct labeling" (74), „preconjugation labeling" (75), „postconjugation labeling" (76) und „pretargeting" (75, 77, 78).

Für rezeptorspezifische Radiopharmaka, die auf Peptiden basieren, hat sich die Strategie des „postconjugation labeling" durchgesetzt. Ein bifunktioneller Chelator wird zuerst kovalent an das Peptid (Biomolekül) gebunden. Anschliessend wird ^{99m}TcO$_4^-$ mit Zinn(II) reduziert und an den Liganden bzw. Chelator komplexiert. Diese Methode ist auch geeignet für die Kitformulierung und ist daher für den routinemässigen nuklearmedizinischen Alltag zweckmässig.

Neben den erwähnten Liganden bzw. Chelatoren ist vor allem der Ligand 2-Hydrazinonikotinsäure (HYNIC) erwähnenswert, der auch für rezeptor-spezifische Radiopharmaka verwendet werden kann. Die exakte Natur der Koordinationsstruktur der ^{99m}Tc-HYNIC-Komplexe ist unklar. Einerseits wird davon ausgegangen, dass das Technetiumatom die Hydrazingruppe nur durch das endständige Stickstoffatom bindet (79-81). Anderseits gibt es strukturelle Studien von Technetium- und Rhenium-Hydrazinpyridin-Komplexen, die zeigen, dass der HYNIC-Ligand fähig ist als zweizähniger Ligand zu fungieren und das Technetium nicht nur mit dem Hydrazinstickstoffatom, sondern auch mit dem zweiten Donor Pyridin-Stickstoffatom als Chelator zu koordinieren vermag (Abbildung 16, D) (82-85).

Der konjugierte Ligand HYNIC kann leicht mit ^{99m}Tc markiert werden, jedoch ist der ^{99m}Tc-HYNIC-Komplex auf den stabilisierenden Effekt eines Koliganden angewiesen (EDDA, Tricin, Glucoheptonat) (Abbildung 16). Der Einsatz von Koliganden hat einen positiven Nebeneffekt, und zwar können Koliganden die Lipophilie des Radiopharmakons beeinflussen, was wiederum Auswirkungen auf die Pharmakokinetik haben kann (7, 86).

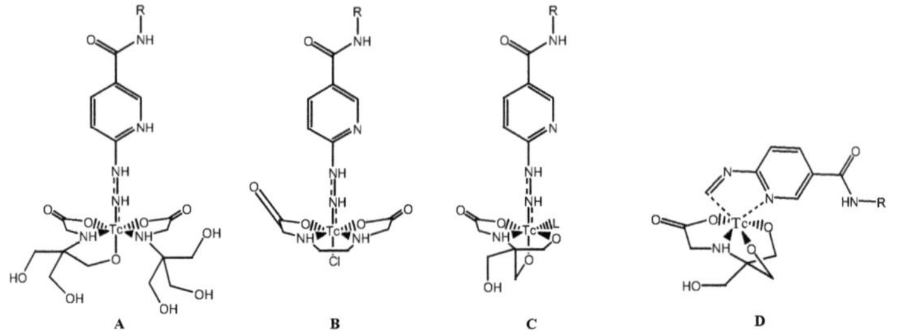

Abbildung 16: Chemische Strukturen von (A) [^{99m}Tc-HYNIC(Tricin)$_2$], (B) [^{99m}Tc-HYNIC(EDDA)Cl] und (C) [^{99m}Tc-HYNIC(Tricin)L] (*80, 81, 87*). (D) [^{99m}Tc-HYNIC(Tricin)] (zweizähnig) (*85*).

In einer aktuellen Studie wurde das neu entwickelte ^{99m}Tc-HYNIC-Somatostatin-Derivat mit dem in der Klinik etablierten ^{111}In-DTPA-OC verglichen (*87, 88, 89*). Dabei zeigten die ^{99m}Tc markierten HYNIC-Derivate einerseits eine höhere Affinität zu den Somatostatinrezeptoren und anderseits einen höheren spezifischen Tumoruptake in AR4-2J-Tumor tragenden Mäusen (*90*). Da ^{99m}Tc vom radiophysikalischen Aspekt her, von der Verfügbarkeit und den Kostenkriterien auch besser als das Radioisotop ^{111}In abschneidet, sind ^{99m}Tc-HYNIC-Somatostatin-Derivate heute eine vielversprechende Alternative zum Octreoscan® (*90*).

Ebenso wurden vor 10 Jahren Bombesin-Derivate entwickelt, die zur Diagnose von GRP-R-positiven Tumorgeweben mit ^{111}In markiert wurden (*52*). Heute werden vor allem rezeptorspezifische Radiopharmaka verwendet, die azyklische Stickstoff-Schwefel- oder reine Tetraamin-Chelatoren (Demobesin-Peptide) besitzen. (*47, 53, 91*). Neben einer hohen Bindungsaffinität zu GRP-R-exprimierendem Tumorgewebe zeigen insbesonders die Demobesin-Peptide (Abbildung 17) eine hohe und anhaltende Retention in humanen GRP-R-positiven Xenografts (Tiermodell mit implantiertem GRP-R-positivem Tumor).

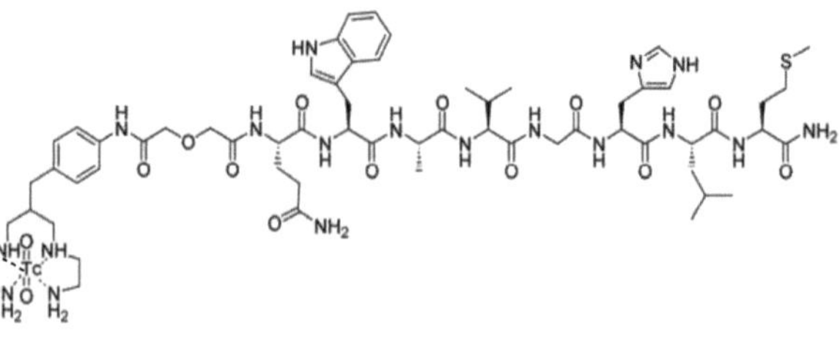

Abbildung 17: Chemische Struktur des Radiopharmakon ^{99m}TcO$_2$-Demobesin 5.

1.3.3. Rezeptor

1.3.3.1. Signalübertragung

Jede Zelle wird durch eine Plasmamembran (Phospholipiddoppelschicht), eine selektive Permeabilitätsbarriere, von der extrazellulären Umgebung abgeschirmt. Dies ermöglicht der Zelle, essentielle Moleküle wie Glutamin, Aminosäuren oder Lipide kontrolliert in die Zelle zu transportieren, die Zusammensetzung des Zellinnern konstant zu halten und Abfallprodukte auszuscheiden. Es gelingt nur wenigen Molekülen (Gase oder Ethanol) nach Belieben in die Zelle oder aus der Zelle zu gelangen. Der Wasseraustausch zum Beispiel erfolgt über besondere Proteine, die sogenannten Aquaporine, die einen sehr engen Kanal (Ø = 0.3 nm) aufweisen und damit nur für Wassermoleküle durchlässig sind (*92*).

Da jede Zelle durch diese Plasmamembran eine selektive Barriere besitzt, haben die Zellen ein spezielles Kommunikationssystem, welches Wachstum, Differenzierung, Stoffwechsel und andere spezifische Aufgaben gewährleistet. Diese interzelluläre Kommunikation erfolgt teilweise durch extrazelluläre Signalmoleküle wie zum Beispiel Peptide, Proteine, Neurotransmitter und diverse Hormone.

Bei einer in Gang gesetzten Signalübertragung zwischen zwei Zellen produziert und sezerniert die Signalzelle das Signalmolekül - innerhalb kleiner Zellgruppen erfolgt die Kommunikation meistens durch direkten Zell-Zell-Kontakt (autokrin, parakrin). Die Signalmoleküle können auch über das Blut bis zu weit entfernten Zielzellen gelangen (endokrin). Die Verbindung löst dann nur in solchen Zielzellen eine spezifische Reaktion aus, welche die entsprechenden Rezeptoren, die als Erkennungsmerkmale dienen, besitzen. Durch den gebildeten Rezeptor-Ligand-Komplex kann das Signalmolekül so der Zelle die gewünschte Aufgabe mitteilen und die Zielzelle aktivieren.

1.3.3.2. G-Protein-gekoppelte Rezeptoren

Die Somatostatin-, Neurokinin- und Bombesin-Rezeptoren, gehören zu den Plasmamembran-Rezeptoren, genauer zu den sogenannten G-Protein-gekoppelten Rezeptoren (*93, 94*). Dieser Typ von Rezeptor besteht aus 7 Transmembranhelices, wobei der N-terminale Abschnitt des Proteins auf der extrazellulären und der C-terminale Abschnitt auf der zytosolischen Seite der Plasmamembran liegt. Wird ein Ligand (Hormon, Signalmolekül) an einen G-Protein-gekoppelten Rezeptor gebunden, findet durch einzelne Verschiebungen der

Transmembranhelices eine Konformationsänderung des Ligand-Rezeptor-Komplexes statt, was zur Folge hat, dass durch die Transmembranhelices-Bewegungen die zytosolischen Schleifen mit dem G-Protein in Kontakt treten und dieses auch aktivieren (*1*). Die Aktivität des G-Proteins stimuliert wiederum einen Anstieg oder auch eine Senkung der intrazellulären Signalstoffe, sogenannte *second messenger*-Botenstoffe, die dann verschiedene Enzyme oder auch nichtenzymatisch wirksame Proteine, die den Stoffwechsel regulieren (Fettspeicher, Verwertung von Glukose, Sekretion relevanter Verbindungen, Steuerung über Wachstum und Überleben der Zellen) beeinflussen (*1*).

Die GPCR haben einen hohen Stellenwert als Zielmoleküle für therapeutische Arzneimittel, da diese Rezeptoren in vielen Krebstypen stark überexprimiert sind. Das ist der Grund warum diese regulatorischen Peptid-Rezeptoren als Target für „cancer imaging" so interessant und wichtig geworden sind. Peptid-Chelator-Konjugate mit oder ohne Radiometalle sind, falls sie hohe Bindungsaffinitäten zu Rezeptoren haben, ideale Vektoren in der Tumordiagnostik bzw. -Therapie.

Der Vorteil von Radiopeptiden ist des Weiteren die niedrige Immunogenität, die schnelle Diffusion bzw. Lokalisierung des Tumors im Körper und die rasche Ausscheidung aus dem Körper.

1.4. Strategie für die Entwicklung neuer rezeptorgesteuerter Radiopharmaka

Damit ein neu entwickeltes rezeptorspezifisches Radiopharmazeutikum den Weg (Abbildung 18) bis zum Patienten erreicht, ist einerseits eine gute Zusammenarbeit zwischen Molekularbiologie, Biochemie, Chemie und Medizin nötig, und anderseits müssen die *in vitro* und *in vivo* Experimente des neu entwickelten Radiopharmakons positiv ausfallen. Das Radiopharmakon muss folgende Kriterien erfüllen:

- Es sollte eine hohe Rezeptor-Bindungsaffinität aufweisen.
- Die Komplexierung des Radiometalls sollte mit möglichst hoher radiochemischer Reinheit (> 95%) erfolgen.
- Der Radiometall-Chelator-Komplex des Radiopharmakons sollte kinetisch inert und thermodynamisch stabil sein.
- Das Radiopharmakon sollte *in vivo* eine hohe enzymatische Stabilität aufweisen.
- Im Tiermodell ist eine Traceranreicherung im Tumor bei gleichzeitig geringer Belastung gesunder Organe und Gewebe erwünscht.

Bei der Entwicklung neuer Radiopharmaka beginnt man nicht bei der Synthese eines Vektormoleküls, sondern bei der Analyse des Rezeptors bzw. des Zielmoleküls (*10*). Mittels biochemischer, biomolekularer und immunologischer Techniken (*9*) lassen sich humane Tumorgewebe analysieren. Zur Bestimmung hochaffiner Bindungsstellen und für das Design eines neuen Pharmakons stellen Bindungsstudien an Zellen bzw. Zellmembranen das geeignete Mittel der Wahl dar. Um die Rezeptoren zu lokalisieren und die Rezeptordichte zu messen, werden in menschlichen Gewebeschnitten – neoplastisches und nicht-neoplastisches Gewebe, die Rezeptoren exprimieren – Rezeptor-Autoradiographie-Experimente durchgeführt (*4, 95*).

Nachdem das Zielmolekül bzw. das Target identifiziert wurde, ist es notwendig, das native Vektormolekül (regulatorisches Peptid), welches spezifisch und hochaffin an das Target bindet, zu finden. Da solche Vektormoleküle oftmals mit den Zellen assoziiert sind, lassen sich die Peptide nach Aufarbeitung und Extraktion der Zellen durch komplizierte Verfahren, beispielsweise die mikrokapillare HPLC ESI-MS-Methode, charakterisieren (*96*).

Die identifizierten natürlichen Vektormoleküle sind normalerweise unter physiologischen Bedingungen sehr instabil. Deshalb ist es notwendig, Peptid-Derivate zu synthetisieren, die eine höhere Stabilität im Blut aufweisen und stets eine hohe Affinität zum entsprechenden Rezeptor besitzen. Die Kopplung eines Liganden bzw. eines geeigneten Chelators an das synthetisierte Derivat vereinfacht die spätere Komplexierung mit einem metallischen Radioisotop.

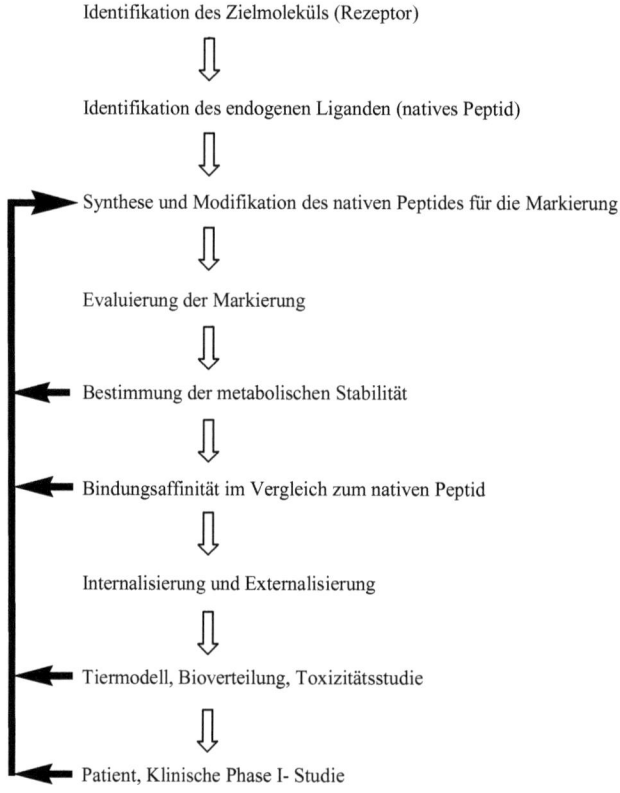

Abbildung 18: Die einzelnen Schritte für die Entwicklung eines neuen Radiopharmazeutikon auf Peptidbasis.

Die synthetisierten Peptid-Chelator-Konjugate werden mit einem Radioisotop markiert und anschliessend in biologischen Versuchen auf ihre Eignung untersucht. Serumstabilitäts- und Bindungsaffinitätstudien geben Auskunft über die Stabilität und die Affinität zwischen dem Vektormolekül und dem Rezeptor. Andere *in vitro* Versuche wie zum Beispiel Internalisierungs- und Externalisierungsstudien geben uns Informationen über die Endozytose

(Einschleusung des Peptides in die Zelle) respektive Exozytose (Ausscheidung des intakten Peptides bzw. der Metaboliten) des Vektormoleküls. Falls die Resultate der *in vitro* Versuche vielversprechend sind, kann man anhand von Tierversuchen vorklinische Studien durchführen. Die Tiermodelle zur Testung von Radiopharmaka simulieren das Verhalten des Tumors im Patienten.

1.4.1. Peptidsynthese an der Festphase (SPPS)

Peptide bestehen aus Aminosäure-Bausteinen, die durch Amidbindungen zu linearen Ketten verknüpft sind. Bei der Verknüpfung zweier Aminosäuren (AS) reagiert formal die Carbonsäurefunktion der einen mit der Aminogruppe der anderen Aminosäure unter Wasserabspaltung zum Peptid. Oligopeptide enthalten zwischen 10 bis 50 Aminosäure-Bausteine, Polypeptide mehr als 50 Aminosäureeinheiten. Aminosäureketten, welche eine Tertiärstruktur vorweisen (>50 AS), nennt man auch Proteine bzw. Eiweisse (*97*).

Die nativ vorkommenden Peptide und Proteine sind aus den 22 essentiellen α-Aminosäuren in L-Konfiguration (Glycin besteht nicht aus Enantiomerenpaaren, da diese Aminosäure achiral ist), den sogenannten proteinogenen Aminosäuren, in variierenden Mengenverhältnissen und unterschiedlicher Reihenfolge aufgebaut (*98*).

Die Festphasen-Peptidsynthese wurde 1963 von Bruce Merrifield entwickelt. Diese Methode hat die Peptidchemie, vor allem auch durch die Vereinfachung der Produktaufarbeitung, revolutioniert. Das Grundprinzip der chemischen Peptidsynthese beruht auf dem sequenziellen Aufbau der Aminosäurebausteine an einen chemisch inerten, polymeren Harz-Träger zu einem Peptid. Nach jedem Kopplungsschritt lassen sich Verunreinigungen durch Filtration und Waschvorgänge entfernen.

Das Konzept der Festphasen-Peptidsynthese ist wie folgt (Abbildung 19):
Im ersten Schritt (A) wird an einem festen, inerten, filtrierbaren, polymeren Träger (Harz) durch einen Linker mittels kovalenter Bindung eine C-terminal aktivierte (B) Aminosäure belegt. Damit keine unerwünschten Nebenprodukte entstehen, setzt man Aminosäuren ein, die eine geschützte Aminogruppe und ebenso eine Schutzgruppe an den reaktiven Seitenketten besitzen.

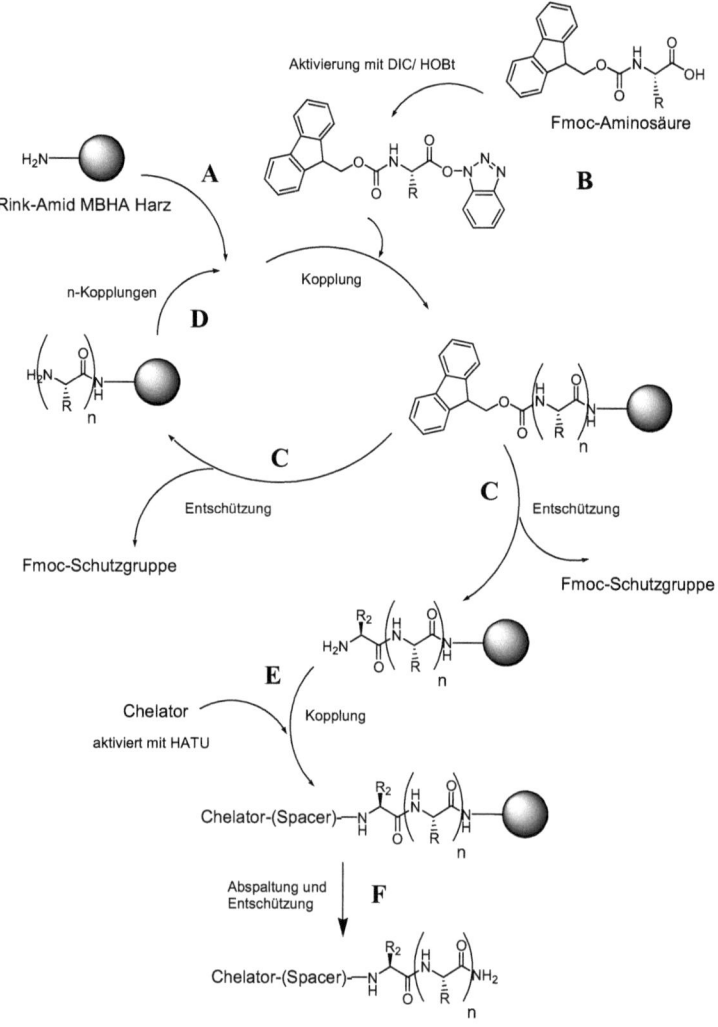

Abbildung 19: Reaktionsschema der Synthese eines Chelator-Peptid-Konjugates.

Nach jeder Kondensationsreaktion (Kopplung) wird die Fmoc-Schutzgruppe unter basischen Bedingungen entfernt (C). Die Carbonsäure der zu koppelnden Aminosäure wird mit der Reagenzienkombination N,N'-Diisopropylcarbodiimid/N-Hydroxybenzotriazol (DIC)/(HOBt) aktiviert (B). Dies verspricht eine effizientere Verknüpfung zwischen der Carboxykomponente, der zu koppelnden Aminosäure und der Aminofunktion, der bereits am

Harz gekoppelten Aminosäure. Durch die Aktivierung wird der elektronenziehende Charakter der Carboxygruppe und somit die positive Partialladung auf dem Carbonylkohlenstoffatom erhöht, wodurch die Reaktivität gegenüber der nukleophilen Aminogruppe der am Harz gekoppelten Aminosäure begünstigt wird.

Dieser Zyklus von Fmoc-Abspaltung und Aminosäurekopplung lässt sich solange wiederholen (D), bis das gewünschte Peptid am Harz synthetisiert worden ist. Anschliessend folgt die Kopplung eines Spacers, falls notwendig, und am Schluss die Kopplung eines mit HATU aktivierten Chelators (E). Alle verwendeten überschüssigen Reagenzien lassen sich durch Waschvorgänge vom Peptidharz beseitigen.

Die Kopplungsreaktionen lassen sich durch ein einfaches Verfahren, den Kaiser-Test, quantitativ kontrollieren. Der Kaiser-Test ist eine sensitive Methode, welche primäre Aminogruppen unter blauvioletter Verfärbung und sekundäre Aminogruppen unter Gelb- bzw. Rotverfärbung darstellt.

Nach der Synthese wird unter sauren Bedingungen das Peptid vom reversibel gekoppelten Linker des Harzes abgespalten, wobei auch direkt die Schutzgruppen der Aminosäuren-Seitenketten entfernt werden (F).

1.4.2. Radioaktive Markierungen

Bestimmte Kriterien müssen für eine radioaktive Markierung berücksichtigt werden:

- Die Komplexe sollten thermodynamisch stabil und kinetisch inert sein.
- Es sollte eine hohe spezifische Aktivität erreicht werden.
- Die Markierung sollte schnell und idealerweise innerhalb von 30 min verlaufen.
- Eine Markierung in wässriger Lösung wird bevorzugt.

Eine hohe spezifische Aktivität ist dann wichtig, wenn wie im Falle regulatorischer Peptide unerwünschte Nebenwirkungen durch das nicht-markierte Peptide auftreten können. Als Beispiel dafür sei an dieser Stelle Exendin-4 genannt, das beim Patienten eine

Unterzuckerung bewirken kann, wenn es in grösseren Stoffmengen als 10.4 nmol verabreicht wird.

Es ist essentiell, dass eine radioaktive Komplexbildung genügend schnell abläuft, da teilweise Radionuklide mit einer kurzen HWZ wie ^{99m}Tc (t½ = 6 h), ^{68}Ga (t½ = 68 min) oder ^{213}Bi (t½ = 46 min) eingesetzt werden.

Die Herstellung des Radiopharmakons in wässriger Lösung erlauben Kitformulierungen, die einfache und effiziente Markierungen ermöglichen.

Bezüglich Mechanismus der Komplexbildung zwischen DOTA und einem trivalenten Metall gibt es keine definitive Beschreibung. *Moreau et al.* z.b. untersuchten die Komplexierung von Lanthanoiden mit dem Chelator DOTA in Lösung mittels Potentiometrie, Lumineszenz und EXAFS-Spektroskopie. Die Bildung eines stabilen Metall-DOTA-Komplexes ist ihnen zufolge ein Prozess in 3 Schritten (Abbildung 20). Zuerst entsteht ein Komplex, wobei das Metallion vorerst ausserhalb des Käfigs, der durch den makrozyklischen Ring und die Carboxylatarme von DOTA gebildet wird, mit den 4 Carboxygruppen des Chelators und 5 Wassermolekülen koordiniert wird (A). Anschliessend werden zwei Wassermoleküle durch die Stickstoffatome des Cyclenrings substituiert (B). Zuletzt wird das Metall vollständig in das Innere des durch den Chelator gebildeten Käfigs verschoben und bildet mit allen acht Donoratomen des Chelators und einem Wassermolekül einen dreifach überkappten trigonalen prismatischen Komplex (C) (*99, 100*).

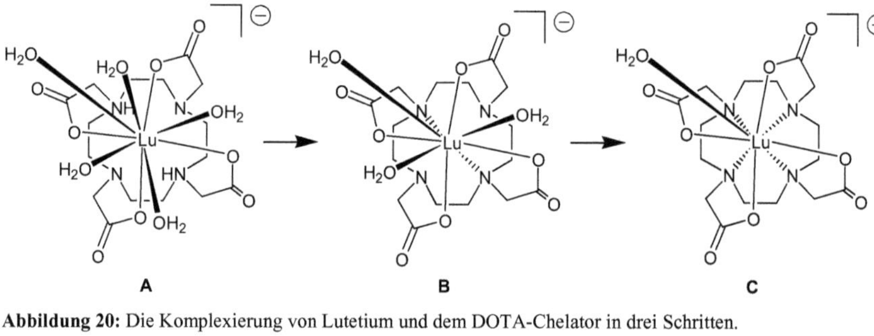

Abbildung 20: Die Komplexierung von Lutetium und dem DOTA-Chelator in drei Schritten.

Die Bildung des Komplexes ist stark pH-abhängig, wobei ein höherer pH normalerweise die Komplexierung begünstigt. Dies liegt an den anwesenden OH$^-$-Ionen, welche die Deprotonierung des Chelators beschleunigen. Die monoprotonierte Form des DOTA-Chelators (H$_1$-DOTA^{3-}) ist dabei reaktiver als eine höher protonierte Form (H$_n$-DOTA$^{(4-n)-}$, n

≥ 2) (*101*). Für die Komplexierung von ^{177}Lu wie auch von ^{111}In, oder ^{67}Ga wurden optimale Verhältnisse jedoch bei einem pH zwischen 4 und 5 beobachtet und die Bildung von Metall-DOTA-Komplexen nimmt bei pH > 6 ab. Dies lässt sich so interpretieren, dass bei steigendem pH die Metallionen ^{177}Lu^{3+}, ^{111}In^{3+}, ^{67}Ga^{3+} hydrolysieren, wobei die Löslichkeit der Metallionen sinkt und sie für die DOTA-Komplexbildung nicht mehr zur Verfügung stehen (*102*).

1.4.3. Circulardichroismus (CD)

Die Circulardichroismus-Analyse ist eine spektroskopische Technik, um strukturelle Eigenschaften von Peptiden und vor allem Proteinen zu untersuchen. Für die Messung durchdringt zirkular polarisiertes Licht eine Probe. Der optisch aktive Teil der Probe absorbiert das zirkular *rechts* polarisierte Licht unterschiedlich stark im Vergleich zum zirkular *links* polarisierten Licht. Diese Intensitäts-Differenz wird in einem vorgegebenen UV-Bereich für jede Wellenlänge mittels Dichrometer gemessen, wodurch ein Spektrum resultiert. Die Dimension des CD ist die molare Elliptizität (MRE „mean residue ellipticity" = deg*cm^2/mol) (Gleichung 1)

$$\Delta\epsilon = \theta \cdot (0.1 \cdot MRW/l \cdot c \cdot 3298) \qquad \textit{Gleichung 1}$$

θ: observed ellipticity (mdeg),
MRW (mean residue weight),
l: cell path length in cm,
c: concentration in mg/ml).

Die CD-Analyse wird normalerweise dazu genutzt, um die Sekundärstruktur von Proteinen in Lösung zu untersuchen. Hierzu sind gut ausgearbeitete Algorithmen von bereits gemessenen und identifizierten Proteinen verfügbar, die bei der Berechnung der Sekundärstrukturanteile der neu zu untersuchenden Proteine und Peptide durch Approximation behilflich sind. Für diese Technik braucht es einen Basissatz von CD-Spektren von Proteinen mit unterschiedlichen Faltungen, deren Sekundärstrukturen durch X-ray-Kristallographie bekannt sind (*103, 104*).

Peptide besitzen neben der Primärstruktur, welche die lineare Aminosäuresequenz darstellt, auch eine Sekundärstruktur, die Informationen über die räumliche Anordnung der Peptidkette gibt, wobei jedoch die Seitenketten-Reste nicht berücksichtigt werden. Die Orientierung der Sekundärstruktur im dreidimensionalen Raum wird als Tertiärstruktur bezeichnet.
Es gibt 2 Sekundärstrukturen:

Faltblattstruktur: Die Peptidbindungen liegen in der Ebene des gefalteten Blattes, das einer ziehharmonikaähnlichen Faltstruktur entspricht. Die Seitengruppen stehen abwechselnd nach oben und unten. Durch Wasserstoffbrückenbindungen werden die einzelnen Peptide gegenläufig, antiparallel oder gleichläufig, parallel zusammengehalten. Diese Struktur nennt man β-Faltblatt.

Eine β-Schleife (β-turn) ist häufig bei Richtungsänderungen in der Aminosäurekette zu beobachten.

Alpha-Helix: Bei dieser Struktur entstehen Wasserstoff-Brückenbindungen innerhalb der einzelnen Peptidketten. D.h. das Peptid windet sich in schraubenförmiger Weise um sich selbst.

Fehlt die Ausbildung zur alpha-Helix oder Faltblattstruktur, entstehen „Zufallsknäuel", sogenannte *random coil*.

Laut *Mutter et al.* bedarf es einer Peptidlänge von 14 Aminosäuren, um eine geordnete α-helikale Sekundärstruktur in Lösung zu beobachten (*105*).

In Abbildung 21 sind die CD-Spektren von Polypeptiden in α-helikaler (1), β-Schleife (2), β-Faltblatt (3) und *random coil* (4) Konformation gezeigt (*106*).

Die α-Helix besitzt bei 192 nm eine positive, bei 209 nm und 222 nm eine negative Bande.
Das β-Faltblatt besitzt eine positive Bande bei 197 nm und eine negative Bande bei 216 nm.
Die β-Schleife besitzt eine negative Bande bei 189 nm und eine positive Bande bei 207 nm.
Das Zufallsknäuel besitzt eine negative Bande bei 198 nm und eine positive Bande bei 212 nm.

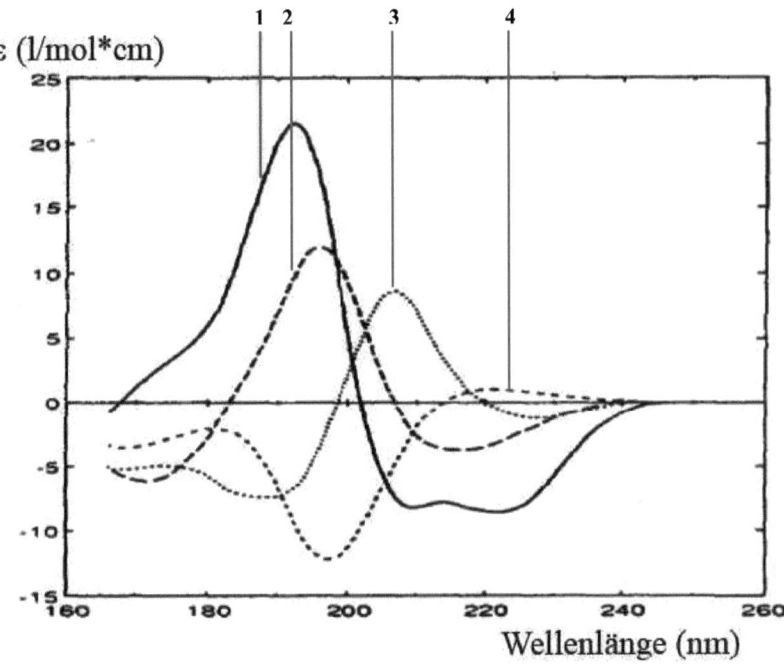

Abbildung 21: Die Darstellungen bzw. Kurven der 4 Sekundärstrukturen im CD-Spektrum. (1) α-Helix, (2) β-Schleife, (3) β-Faltblatt, (4) Zufallsknäuel. (Abbildung aus der Doktorarbeit von Bertolt Kranz (107)).

Die Analyse der CD-Spektren erfolgt über das im Internet frei verfügbare Programm DICHROWEB-web-Server-Kalkulator (http://dichroweb.cryst.bbk.ac.uk/html/home.shtml). Mittels Referenzspektren wird die Sekundärstruktur des zu untersuchenden Peptid-Chelator-Konjugats berechnet.

1.4.4. Log D-Bestimmung

Es gibt unterschiedliche Vorteile, den Lipophilie bzw. Hydrophilie-Parameter einer Verbindung zu bestimmen. Ernst Overton und Hans Meyer haben unabhängig voneinander schon 1900 entdeckt, dass ein Narkosemittel, welches einen höheren lipophilen Charakter aufweist, eine höhere Wirksamkeit zeigt. Ebenso kann man anhand der Lipophilie einer

Substanz die Affinität der Substanz zur lipophilen Biomembran oder zum hydrophilen Zytosol innerhalb der Zelle abschätzen (*108*).

Um eine Aussage über die Lipophilie bzw. Hydrophilie einer chemischen Verbindung treffen zu können, wird der Verteilungskoeffizient, der log P-Wert bestimmt, welcher die Konzentration der Verbindung in einer Emulsion aus 1-Octanol und Wasser angibt. Wird der Verteilungskoeffizient bei konstantem pH durchgeführt, wird der log D-Wert bestimmt. Da die radioaktiv markierten Peptid-Chelator-Konjugate in einer PBS (pH 7.4)/Octanol-Emulsion untersucht wurden, wurde der n-Octanol-PBS-Puffer-Verteilungskoeffizient, also der log D-Wert bestimmt. Der Puffer soll pH und Salzgehalt des menschlichen Blutes simulieren.

Ist der log D Wert < 1, zeigt die Substanz einen hydrophilen Charakter.
Falls der log D Wert > 1 ausfällt, zeigt die Substanz einen lipophilen Charakter.

$$\log D = \log \frac{c_o}{c_w} = \log c_o - \log c_w \qquad \text{Gleichung 2}$$

c_o = Konzentration einer Verbindung in der Oktanol-Phase
c_w = Konzentration einer Verbindung in der Puffer-Phase

Nach OECD gelten log D-Werte (*Gleichung 2*) zwischen 5 und -2 als genügend aussagekräftig (*109*).

1.4.5. Biologische Experimente

Um die Qualität eines neu entwickelten Chelator-Peptid-Konjugats bestimmen zu können, werden *in vitro* und *in vivo* Experimente durchgeführt, die Auskunft über wichtige pharmakologische Parameter geben, wie z.b. die Stabilität im Serum, die Internalisierungsrate in Krebszellen, die Externalisierung aus den Zellen und die Verteilung des Peptides in Organen und im Tumor in einem Tiermodell. Aus der Summe der gesammelten Informationen kann man Aufschluss über die Pharmakodynamik und Pharmakokinetik eines synthetisierten Chelator-Peptid-Konjugats erhalten.

1.4.5.1. Stabilität im Serum bzw. Plasma

Natürliche Peptide sind bezüglich ihrer Sequenz und Konformationsstrukur *in vivo* oftmals instabil und sensitiv gegenüber Peptidasen. Exopeptidasen und Endopeptidasen, welche im Blut, den Geweben bzw. Zellen aller Organismen in grossen Mengen vorkommen, können die Peptide durch Hydrolyse spalten bzw. metabolisieren und somit inaktivieren (*110*).

Zu den Aufgaben der extrazellulären Peptidasen im Blutserum gehören beispielsweise die Kontrolle des Blutdrucks, die Komplementaktivierung, die Blutgerinnung oder die Fibrinolyse (Auflösung von Blutgerinnsel) (*110*).

Peptidasen:

Peptidasen werden in 2 Hauptgruppen eingeteilt: *Exopeptidasen* spalten eine oder mehrere Aminosäuren vom N- oder C-Terminus des Peptids während *Endopeptidasen* innerhalb einer Polypeptidkette agieren.

Die enzymatische Hydrolyse von Carbonsäurederivaten ist viel effizienter als eine chemische Hydrolyse und liegt in der erniedrigten Aktivierungsenthalpie des Übergangszustandes. Damit eine Hydrolyse durch das Enzym beschleunigt werden kann, müssen 3 Voraussetzungen (katalytische Funktionen) am aktiven Zentrum des Enzyms erfüllt sein.

1. Es liegt eine elektrophile Komponente vor, welche die Polarität der Carbonylgruppe des Substrats erhöht.
2. Es liegt eine nukleophile Komponente vor, welche unter Bildung eines tetraedrischen Übergangszustandes am Carbonylkohlenstoff angreift.
3. Es liegt ein Protonen-Donator vor, welcher eine Aminogruppe in eine bessere Abgangsgruppe transformiert.

Diese drei Voraussetzungen (Funktionen) sind am aktiven Zentrum aller hydrolytischen Enzyme sehr ähnlich. Abhängig von der funktionellen Gruppe verlaufen die Reaktionen leicht anders. Deshalb werden aufgrund der funktionellen Gruppe bzw. der katalytischen Seite die *Hydrolasen* in 5 Gruppen unterteilt: *Serin-, Threonin-, Cystein-, Aspartic-* und *Metallohydrolasen*.

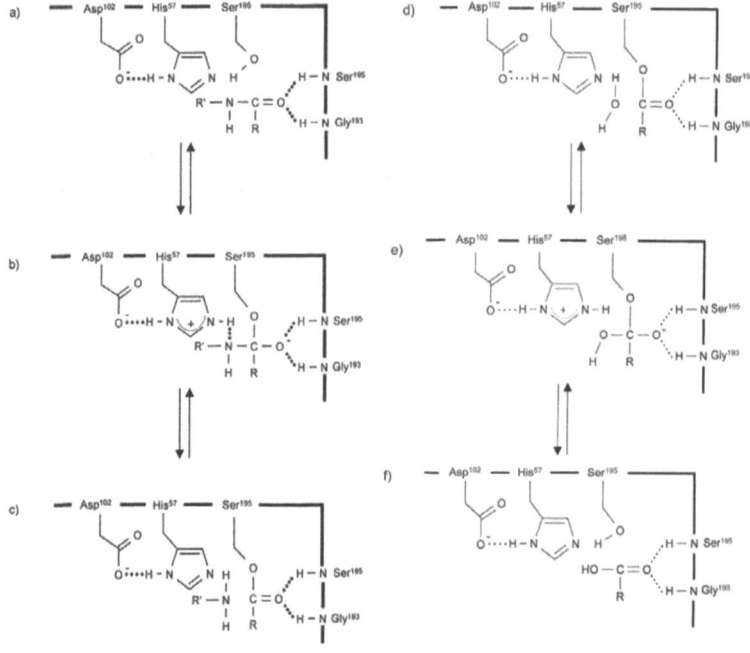

Abbildung 22: Mechanismus der Peptid Hydrolyse durch die Serin Peptidase.
(Abbildung aus dem Buch „Hydrolysis in Drug and Prodrug Metabolism", (110))

Der Mechanismus der Peptidhydrolyse durch eine Serin-Peptidase ist wie folgt (110) (Abbildung 22):

a. Zwischen Enzym (Ser, Gly) und Substrat bildet sich ein *Michaelis*-Komplex. Die Polarität der interaktiven Peptidcarbonylgruppe steigert sich.
b. Nukleophiler Angriff der OH-Gruppe von Ser an das C-Atom der Carbonylgruppe des Substrats. Es entsteht ein tetraedrischer Übergangszustand.
c. Das Imidazolium-Proton wird an das N-Atom der Amidbindung transferiert und anschliessend wird Amin abgespalten. Entstehung eines Acyl-Enzym-Übergangszustandes.
e. Erneuter nukleophiler Angriff eines Wassermoleküls an das C-Atom der Carbonylgruppe des Acyl-Enzyms. Es entsteht wiederum ein tetraedrischer Übergangszustand.
f. Entstehung der Säure und Freisetzung des hydrolisierten Substrats.

Metallopeptidasen:

Metallopeptidasen können sowohl als Exopeptidasen wie auch als Endopeptidasen fungieren. Für die Katalyse benötigen sie als Cofaktor Metallionen, in der Regel ein Zinkion. Das Metallion ersetzt eine Aminosäure wie His, Glu, Asp oder Lys im Enzym, welche beim katalytischen Prozess die elektrophile Funktion erfüllt und die Katalyse in Gang setzt. Die interaktive Carbonylgruppe eines Substrates wird durch die Koordination des Sauerstoffatomes der Carbonygruppe an das Zink, der Lewissäure polarisiert. Ein Wassermolekül greift nukleophil das Kohlenstoffatom der polarisierten Carbonylgruppe an, wobei ein tetraedrisches Intermediat entsteht. Die Hydrolyse des Substrates wird durch die Protonierung des interaktiven Amids und der darauffolgenden Abspaltung des Amins beendet (*110*).

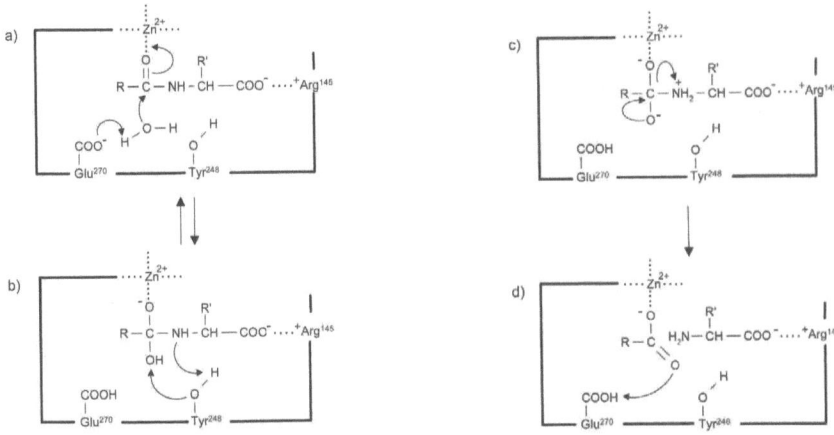

Abbildung 23: Mechanismus der Peptidhydrolyse durch eine Metallopeptidase (Carboxypeptidase).
(Abbildung aus dem Buch „Hydrolysis in Drug and Prodrug Metabolism", (*110*))

Neprilysin: EC 3.4.24.11 ist eine Endopeptidase und gehört zu den Metallopeptidasen (Enkephalinase, Neutral-Endopeptidase (NEP)). Neprilysin hat grosse Ähnlichkeiten mit anderen Zn^{2+} enthaltenden Metallopeptidasen. Es ist eine Oligopeptidase, welche nicht nur Enkephalin, sondern auch noch andere aktive Peptide hydrolisiert (Angiotensin, Bradykinin, Somatostatin, Substanz P) (*110*).

Angiotensin Converting Enzym (ACE): EC 3.4.15.1 ist eine Exopeptidase und gehört ebenfalls zu den Metallopeptidasen, genauer zu den Peptidyl-Dipeptidasen (EC 3.4.15). Das Enzym spielt eine grosse Rolle bei der Kontrolle des Blutdrucks. Zugleich ist bekannt, dass das aktive Zentrum des Enzyms ein Zinkatom enthält (Abbildung 23). Die Peptidase hydrolysiert neben Substanz P (Gly^9-Leu^{10}) und Angiotensin (Phe^8-His^9) viele andere native Peptide.

Unterschiedliche Inhibitoren für dieses Enzym sind entdeckt bzw. entwickelt worden, wie beispielsweise das Captopril (*110*).

Um ein synthetisiertes Peptid-Chelator-Konjugat in der Klinik einsetzen zu können, muss das Peptid enzymatisch genügend lang stabil sein, damit das Konjugat sein Ziel, die Tumorzellen erreichen kann.

Deshalb wurden Tests zur Bestimmung der Stabilität im Serum bzw. Plasma entwickelt: Einem Probanden wird venöses Blut entnommen. Das Blut wird zentrifugiert, wobei der zelluläre Bestandteil (Erythrozyten, Thrombozyten, Leukozyten) von der Zellflüssigkeit getrennt wird {Je nachdem, welches S-Monovette-Röhrchen verwendet wurde, kann man Serum (ohne Zusatz) oder Plasma (mit EDTA-, Heparin-, Zitronensäure-Zusatz) gewinnen. Entfernt man die im Blutserum enthaltenen Stoffe für die Blutgerinnung (Fibrine, Fibrinogen, etc.), erhält man Blutplasma}.

Radioaktiv markiertes Peptid wurde zum frisch entnommenen Blutserum gegeben und im Brutschrank inkubiert. Zu bestimmten Zeitpunkten wurden 100 µl Serum entnommen und mit Ethanol extrahiert. Dabei wurde der enzymatische Abbauprozess des Peptides durch die Ausfällung des Proteinanteils unterbrochen. Nach der Zentrifugation der Suspension wurde vom resultierenden Überstand eine Probe entnommen und mittels HPLC und Radioaktivitätsmonitor analysiert.

1.4.5.2. Internalisierung & Externalisierung

Bei einem Internalisierungsexperiment wird nachgewiesen, dass ein Radiotracer, nach spezifischer Bindung an einen Rezeptor, aktiv in die Zellen internalisiert wird.

Mit einem Externalisierungsexperiment lässt sich der von der Zelle ausgeschiedene radioaktive Teil qualitativ wie auch quantitativ bestimmen.

Ein idealer Agonist verfügt über eine hohe Internalisierungsrate von > 50% nach 6 h und eine niedrige Externalisierungsrate < 20% nach 2 h.

1.4.5.2.1. Internalisierung

Als Internalisierung bzw. Endozytose wird der Transport eines Liganden in die Zelle bezeichnet (Abbildung 24). Nach der Bindung des Liganden an den Rezeptor kann der ganze Ligand-Rezeptor-Komplex durch Membrandiffusion in die Zelle gelangen. Da in dieser Arbeit Bombesin-Agonisten synthetisiert wurden, wurde die Internalisierung anhand von GRP-Rezeptor exprimierenden Prostatakrebszellen (PC-3 Zelllinie) studiert.

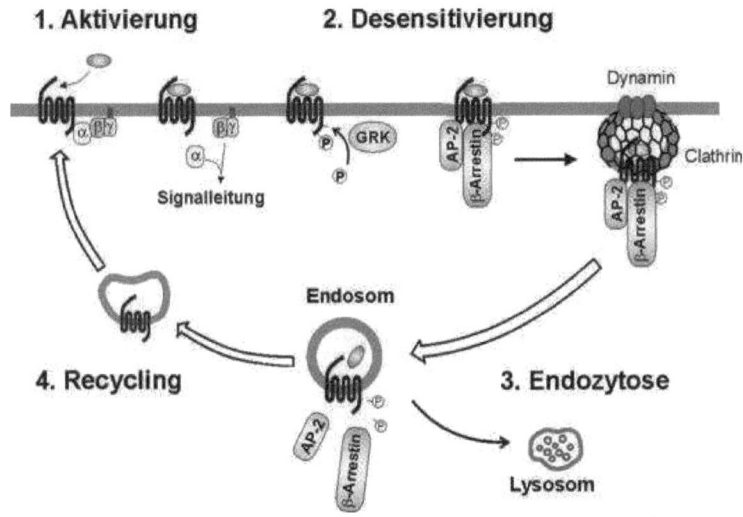

Abbildung 24: Endozytose eines Radiopharmakon und seines Rezeptors (Abbildung aus Google Bild).

Der GRP-Rezeptor gehört zu den sogenannten GPCR (*93, 94*). Normalerweise wird durch die Komplexierung eines Liganden an den G-Protein-gekoppelten Rezeptor (1) eine Signalübertragung aktiviert und damit der Stoffwechsel reguliert. Falls jedoch die Ligandkonzentration sehr hoch ist, besteht die Möglichkeit, dass der G-Protein-gekoppelte Rezeptor an der Membranoberfläche den komplexierten Liganden durch Endozytose internalisiert. Das heisst, dass die Zelle gegenüber dem Liganden desensibilisiert worden ist (2). Nach der Internalisierung (3) wird der Ligand vom Rezeptor im Endosomvesikel dissoziiert und der internalisierte Rezeptor kehrt zur Plasmamembranoberfläche zurück (4) oder wird zusammen mit dem Liganden in den Lysosomen abgebaut (*111, 112*).
Die Internalisierung, die im Wesentlichen auf agonistisch wirkende Rezeptorliganden

beschränkt ist (*113*), führt zu einer Akkumulation des Peptids in der Zelle. Dies ist im Hinblick auf therapeutische Anwendung von Radiotracern mit einem hohen LET (Auger-Emitter oder α-Emitter), sehr bedeutend, da die Reichweite der emitierten Strahlen auf sehr kurze Distanzen im µm-Bereich limitiert ist.

Die Internalisierungsstudien wurden mit einer GRP-Rezeptor-positiven PC-3-Zelllinie in Zellkulturplatten durchgeführt. Markiertes Peptid wird zu Zellen gegeben. Nach definierten Inkubationszeiten werden die Zellkulturplatten aus dem Brutschrank genommen und auf Eis gelegt, um die Internalisierung zu stoppen. Nach Entfernung des Mediums werden die Zellen mit PBS gewaschen. In dieser ersten Fraktion, der sogenannten „freien" Fraktion, wird der nicht gebundene, freie Anteil der Radiopeptide inkl. seiner Metaboliten ermittelt.
Die Zellen werden dann zweimal mit Glycin-Puffer (pH 2.8) behandelt, welches die zweite Fraktion, die sogenannte „bindende" Fraktion ergibt. Durch das saure Milieu werden die gebundenen Liganden von den Plasmamembranrezeptoren getrennt.

1.4.5.2.2. Externalisierung

Für therapeutische Zwecke ist es von Vorteil, wenn das internalisierte Radiopeptid eine lange Aufenthaltszeit in der Zelle aufweist.
Um Erkenntnisse über den biochemischen Prozess zu gewinnen, wird einerseits die Aktivität der externalisierten Fraktionen mittels γ-Counter gemessen und anderseits werden die externalisierten Fraktionen mittels HPLC analysiert. Nach Aufkonzentrierung der Fraktion lässt sich bestimmen, ob das externalisierte Peptid noch intakt oder intrazellulär lysosomal bereits metabolisiert wurde.

Eine bestimmte Internalisierungszeit wird zur Bestimmung der Externalisierung verwendet. Nach PBS- und Glycin-Behandlung wird zu den Zellen frisches Medium gegeben, wobei anschliessend nach definierten Zeitpunkten ein Mediumwechsel durchgeführt wird. Mit der Glycin-Behandlung der Zelle wird unter sauren Bedingungen die Bindung zwischen Ligand und Rezeptor gebrochen. Das frisch zugegebene Medium dient nun als „Auffangbecken" für die von der Zelle sezernierten Metaboliten oder intakten Peptid-Chelator-Konjugate.
Mittels γ-Counter wird der aus den Zellen ausgeschiedene radioaktive Anteil in den Mediumfraktionen bestimmt. Qualitativ lässt sich die Mediumfraktion nach erfolgter Aufarbeitung mittels HPLC analysieren.

1.4.5.3. Tiermodell

Ausführliche *in-vitro*-Experimente der zu untersuchenden Substanz sollten durchgeführt werden, damit potentielle Arzneimittel schon vorher in eine engere Auswahl kommen und nachfolgende Tierversuche auf ein Minimum beschränkt werden können.

Ein präklinisches Modell zur Testung von Radiopharmaka stellen die Tierversuche an Tumorxenografts tragenden Nacktmäusen dar. Die Xenografts (subkutan implantierte Fremdgewebe) reflektieren näherungsweise die Eigenschaften eines Tumors im Patienten. Mit Hilfe des Tiermodells kann einerseits das pharmakologische Verhalten bzw. Wirkung des potentiellen Radiopharmakons abgeschätzt werden: Dosierung und Toxizität des Radiopharmakons wie auch Wachstumsstillstand oder sogar Remission des Tumors. Andererseits kann mittels Bioverteilungsexperiment die Pharmakokinetik, also die Verteilung bzw. die Anreicherung des Radiopharmakons im Tumor, Blut oder in sonstigen Organen festgestellt werden.

Nacktmäuse unterliegen einem autosomal-rezessiven Erbgang, was Haarlosigkeit und Thymusaplasie hervorruft (*114*). Durch die fehlenden reifen, funktionellen T-Lymphozyten ist die Nacktmaus ein guter Wirt für heterologe Transplantate, da keine immunologische Reaktion zu erwarten ist (*115*). Jedoch müssen komplexe Haltungsmassnahmen für die Mäuse getroffen werden, da die Infektionsgefahr sehr hoch ist (*116, 117*).

1.4.5.3.1. Bioverteilungsexperimente

Das Ziel ist es, radioaktiv markierte Peptide für die Tumordiagnostik und –therapie zur Verfügung zu haben, die eine hohe Anreicherung im Tumor bei gleichzeitig geringer Belastung gesunder Organe und Gewebe haben.

Um dies zu ermitteln, werden Bioverteilungsstudien durchgeführt, bei denen dem tumortragenden Tier radioaktiv markiertes Peptid injiziert wird. Die Substanz verteilt sich durch den Blutkreislauf im Körper und reichert sich anschliessend in Organen bzw. im Tumor an. Zu definierten Zeitpunkten werden die Tiere unter Narkose gesetzt und mit CO_2 getötet. Das entnommene Blut sowie die Organe und der Tumor werden in Röhrchen transferiert, gewogen und mittels γ-Counter gemessen, um daraus die Akkumulation der injizierten Aktivität pro Gramm Gewebe auszurechnen.

2. Aufgabenstellung

2.1. Einfluss unterschiedlich langer dPEG-Spacer im Bombesin-Derivat DOTA-dPEG$_x$-BN(7-14) auf pharmakologische Parameter

Bei der Entwicklung rezeptorgesteuerter Radiopharmazeutika konnten *Broccardo et al.* zeigen, dass die letzten sieben Aminosäuren des natürlichen *Bombesin*-Peptides BN(7-14) als Biomolekül ausreichend sind, um eine hohe Bindungsaffinität zu GRP-Rezeptoren zu erreichen *(42)*.

Hoffman et al. ergänzten die Strategie und zeigten, dass ein Spacer in einem Bombesin-Derivat positive Auswirkungen auf die pharmakologische Eigenschaften hat. Sie synthetisierten eine Serie von Bombesin-Analoga DOTA-(CH$_2$)$_X$-BN(7-14) mit unterschiedlich langen lipophilen Spacern und demonstrierten, dass durch diese Modifikation die Bindungsaffinität zu GRP-Rezeptoren und die Pharmakokinetik der Bombesinderivate optimiert wurde *(51)*. *Rogers et al.* studierten den Einfluss eines integrierten oligomeren Polyethylenglycol-Spacers (PEG, 3'500 Da) in ^{64}Cu-markiertem DOTA-PEG-BN(7-14). Trotz niedriger Bindungsaffinität zum GRP-Rezeptor (3.9±0.6 µM), wurde eine relative hohe, spezifische Aufnahme (10.5±0.6% ID/g, nach 2 Stunden) im GRP-R- positiven Mauspankreas gefunden *(46)*.

Es wurde schon früh gezeigt *(118)*, dass das Anbringen eines PEG-Spacers an ein therapeutisches Molekül einen positiven Einfluss auf die Pharmakokinetik und die Pharmakodynamik verschiedener Arzneimittels haben kann *(119, 120)*. Man geht davon aus, dass durch den PEG-Spacer der hydrophile Charakter des Radiopharmazeutikums verbessert wird, was die Blutclearance verlangsamt und damit eine höhere Akkumulation im Tumor ermöglicht.

Kürzlich konnte in der Arbeitsgruppe von Prof. Mäcke gezeigt werden, dass ein kurzer dPEG$_4$-Spacer (d: steht für "diskret", was auf eine einzelne Verbindung ohne andere PEG-Analoga hinweist) zwischen dem Chelator DOTA und dem Biomolekül BN(7-14) gute *in vivo* Eigenschaften verleiht *(44)*. Die Affinität von ^{nat}Lu-DOTA-dPEG$_4$-BN(7-14) (Abbildung 25) ist gegenüber ^{nat}Cu-DOTA-PEG-BN(7-14) ungefähr 10^3 mal besser.

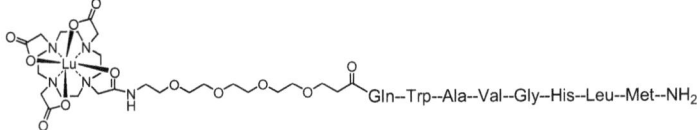

Abbildung 25: Chemische Struktur des ^{nat}Lu-DOTA-dPEG$_4$-BN(7-14) (^{nat}Lu-DOTA-PESIN).

Ebenso ist die Aufnahme im Pankreas mit 39.0±4.9% ID/g auch nach 4 h immer noch signifikant höher als die von ^{64}Cu-DOTA-PEG-BN(7-14) (10.5±0.6% ID/g, nach 2 h) (*46*).

Somit stellt sich die Frage, welchen Einfluss die Länge eines dPEG Spacers auf die pharmakologischen Parameter hat.

Daher sollen im ersten Projekt eine Serie von Bombesinderivaten mit unterschiedlich langen dPEG-Spacern synthetisiert, mit ^{177}Lu markiert und mit Hilfe biologischer und pharmakologischer Experimente soll der Einfluss der Spacerlänge auf die ^{177}Lu-DOTA-dPEG$_x$-BN(7-14) (x = 0, 2, 4, 6, 12, 24)-Derivaten untersucht werden.

Im Weiteren sollen die enzymatischen Spaltungsstellen im ^{177}Lu-DOTA-dPEG$_2$-BN(7-14)-Derivat identifiziert werden. Die Spaltungsstellen werden anhand von ^{177}Lu-DOTA-dPEG$_{12}$-BN(7-14) verglichen, um zu verifizieren, ob die Spacerlänge ebenfalls eine Auswirkung auf die Spaltungsstelle hat.

Die Abbaukinetik der beiden Analoga ^{177}Lu-DOTA-dPEG$_2$-BN(7-14) und ^{177}Lu-DOTA-dPEG$_{12}$-BN(7-14) soll ebenfalls untersucht werden.

Bei der Komplexierung von DOTA-dPEG$_4$-BN(7-14) mit ^{177}Lu fiel eine Oxidation des in der Peptidsequenz enthaltenen Methionins auf. Diese Oxidation soll bei DOTA-dPEG$_4$-[β-Ala^{11}]-BN(7-14) untersucht und die Radiolyse mit dem Einsatz von unterschiedlichen Antioxidationsmitteln inhibiert werden.

2.2. Gegenüberstellung des neu entwickelten Agonisten ^{99m}Tc-Cyclam-ahx-BN(7-14) und dem bekannten ^{111}In-DOTA-ahx-BN(7-14)

Smith et al. stellten kürzlich das Bombesinderivat ^{111}In/^{177}Lu-DOTA-aoc-BN(7-14) vor, das in präklinischen Untersuchungen Potential als therapeutisches Radiopharmakon für GRP-R positive Tumoren zeigte (*51, 54*). Da das metastabile Radionuklid ^{99m}Tc sowohl radiophysikalisch als auch bezüglich Kosten und Verfügbarkeit ^{111}In überlegen ist, wäre es wünschenswert, ein Derivat für diagnostische Zwecke zu entwickeln, welches sich mit ^{99m}Tc markieren lässt.

Für die Bildung eines rezeptorgesteuerten Radiopharmazeutikums werden viele unterschiedliche Chelatoren, wie z.b. HYNIC in Kombination mit Koliganden, azyklische Stickstoff-, Schwefel-Phosphor- bzw. Schwefel-Stickstoff-Chelatoren oder Nα-histidinylacetat in Kombination mit 3 CO-Liganden verwendet (*47, 50, 53, 91, 121, 122*).

Neben den erwähnten Chelatoren erfüllt auch der polyazamakrozyklische Chelator 1,4,8,11-Tetraazacyclotetradecan (Cyclam), durch Bildung thermodynamisch und kinetisch stabiler ^{99m}Tc-Komplexe, die Voraussetzung für medizinische Anwendungen. Ein Beispiel dafür ist ^{99m}Tc-Cyclam (Abbildung 26), das eine gute Alternative zu ^{99m}Tc–MAG$_3$ für die Nierenuntersuchung ist (*123*).

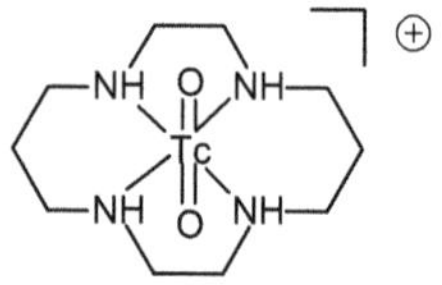

Abbildung 26: Chemische Struktur von dem Komplex ^{99m}Tc-Cyclam.

Im Jahr 1995 wählten *Stahl et al.* einen Spacer (Benzylsäure) modifizierten Cyclam-Chelator aus, der erstmals an ein Peptid, ein Bradykinin-Derivat, konjugiert wurde (*124*). Die ^{99m}Tc-Markierung wurde bei pH 10 durchgeführt, was eine hohe Markierausbeute und eine schnelle Komplexierung von ca. 15 min gewährleistet. Die Bioverteilung zeigte nach 4 h eine Anreicherung in Leber (5% ID/g), Niere (4% ID/g) und in hohem Masse auch in der Blase (75% ID/g) (*124*). Die positive Ladung des ^{99m}Tc-Cyclam-Komplexes könnte für die schnelle Nierenclearance und schnelle Ausscheidung über die Blase verantwortlich sein (*123*).

Das Ziel dieses zweiten Projektes ist es, die Reaktionsbedingungen für die Konjugierung eines neuen Cyclam-Derivates an den N-Terminus des ahx-BN(7-14) zu finden. Ebenso soll ein Protokoll für die ^{99m}Tc-Markierung evaluiert werden, welches eine hohe spezifische Aktivität (20 MBq/nmol) und eine schnelle Komplexierung ermöglicht (Abbildung 27). Um die Qualität des neu entwickelten Radiopharmakons abzuschätzen, werden simultan mit der mit ^{111}In-markierten Substanz ^{111}In-DOTA-ahx-BN(7-14) *in vitro*-Experimente durchgeführt und die Resultate beider Liganden miteinander verglichen (Abbildung 27).

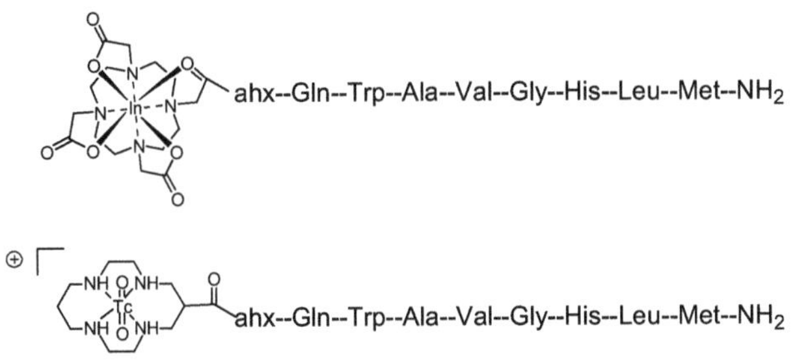

[Structure: In-DOTA complex]–ahx--Gln--Trp--Ala--Val--Gly--His--Leu--Met--NH$_2$

[Structure: Tc-Cyclam complex]–ahx--Gln--Trp--Ala--Val--Gly--His--Leu--Met--NH$_2$

Abbildung 27: Chemische Strukturen von ^{111}In-DOTA-ahx-BN(7-14) und ^{99m}Tc-Cyclam-ahx-BN(7-14).

2.3. Vergleich der *in vitro* und *in vivo* Resultate von $^{67/68}$Ga- und ^{177}Lu-DOTA-Gly-AMBA-BN(7-14) (DOTA-AMBA)

Das dritte Projekt besteht aus der Synthese von DOTA-Gly-AMBA-BN(7-14) und der Durchführung von *in vitro* und *in vivo* Versuchen von $^{67/68}$Ga-DOTA-AMBA. Bei vielversprechenden Resultaten wäre es vorstellbar, dieses Radiopharmakon als PET-Tracer für diagnostische Zwecke einzusetzen.

Der Bombesin-Agonist DOTA-Gly-AMBA-BN(7-14) wurde von der Firma *Bracco* entwickelt, mit ^{177}Lu markiert und *in vitro* und *in vivo* evaluiert. ^{177}Lu-DOTA-Gly-AMBA-BN(7-14) (Abbildung 28) zeigt nanomolare Affinität zu GRP-R-positivem humanen Prostatakarzinomgewebe *(49)*.

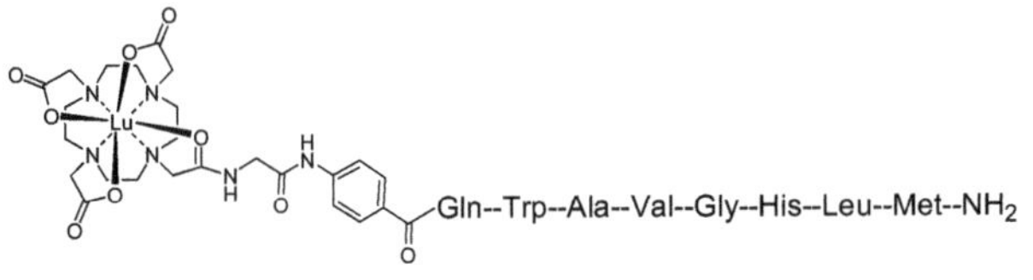

[Structure: Lu-DOTA-Gly-AMBA complex]–Gln--Trp--Ala--Val--Gly--His--Leu--Met--NH$_2$

Abbildung 28: Chemische Struktur von ^{177}Lu-DOTA-Gly-AMBA-BN(7-14) (^{177}Lu-DOTA-AMBA).

Das Radiopharmakon ^{177}Lu-DOTA-AMBA zeigt mit dem rigideren und polareren Gly-AMBA Spacer gegenüber ^{177}Lu-DOTA-aoc-BN(7-14) von *Smith et al.* mit dem aoc Spacer bessere Stabilität, Internalisierung und Pharmakokinetik *(49, 54, 125)*.

2.4. Aminooxy-funktionalisierte Substanz P Analoga

Alpha-Teilchen emittierende Radionuklide, wie das metallische ^{213}Bi und neuerdings auch Halogen ^{211}At, finden in der Nuklearmedizin eine immer häufigere Anwendung (*126-128*). Ihre kurze Reichweite und der hohe lineare Energie-Transfer ermöglichen es, Tumorzellen unter weitestgehender Schonung des umliegenden Gewebes selektiv zu zerstören. Bereits wurde eine Anwendung mit ^{211}At-markierten Antikörpern publiziert (*129*). Von Nachteil ist die aufwendige Herstellung eines stabilen ^{211}At-markierten Radiopharmakons. Die direkte Verknüpfung von Astat über den Reaktionsmechanismus einer aromatischen elektrophilen Substitution mit einer im Vektormolekül integrierten aromatischen Aminosäure, wie Tyrosin oder Tryptophan, zeigt im Gegensatz zu derjenigen mit homologem Iod keine genügend stabile kovalente Bindung (*130*). Somit muss das At über einen sekundären Markierungsvorläufer an das Biomolekül angebracht werden.

Nach *Friedman et al.* lässt sich die Synthese in 2 Schritten realisieren (*131*): Im ersten Schritt wird *para*-Aminobenzolsäure über ein intermediäres Diazoniumsalz in hoher Ausbeute zur stabilen *para*-Astatbenzolsäure umgewandelt. Im zweiten Schritt wird *para*-Astatbenzolsäure über die Carbonsäurefunktion an eine freie Aminofunktion des Proteins gekoppelt. Die *in vitro* Experimente zeigten, dass das ^{211}At markierte Protein über 20 h stabil blieb.

Im Rahmen von *Targeting Alpha-Particle emitting Radionuclids to Combat Cancer* (TARCC) sollte in einer Kooperation mit der Arbeitsgruppe von Prof. Meyer aus Hannover eine Alternative für die Herstellung eines ^{211}At-markierten Substanz P-Derivates gesucht werden. Dazu sollte der von der Arbeitsgruppe in Hannover synthetisierte sekundäre Markierungsvorläufer *para*-^{211}At-Benzaldehyd mittels einer einfachen und schnellen Reaktion („Click"-Charakter) an ein aminooxyfunktionalisiertes Substanz P-Derivat gekoppelt werden (Abbildung 29).

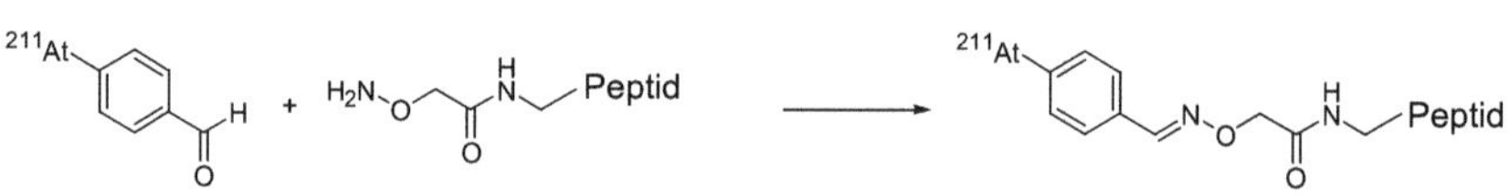

Abbildung 29: Reaktionsgleichung der „Click-Chemie" bzw. der Oximbildung.

Das Ziel des vierten Projektes ist es daher, die oben genannte Reaktion mit dem nicht radioaktiven *para*-F-Benzaldehyd zu simulieren und zu optimieren. Im Weiteren soll die hohe Chemoselektivität bei der Reaktion eines Aldehyds mit einer Aminooxyfunktion, auch in

Gegenwart einer *primären* Aminogruppe, überprüft werden. Für diesen Zweck wird anhand von zwei einfachen Modell-Verbindungen, die erste mit einer Aminooxy- (Amox-) und die zweite mit einer Aminofunktion, die Chemoselektivität dieser „Click-Reaktion" getestet (Abbildung 30).

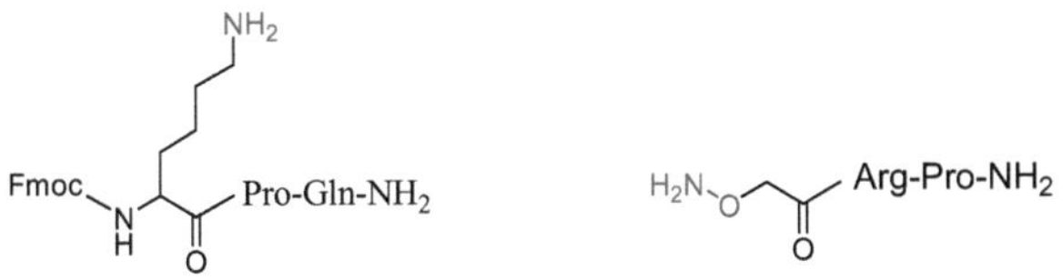

Abbildung 30: Chemische Struktur von den Modellverbidungen Fmoc-Lys-Pro-Gln-NH$_2$ und Amoxacetyl-Arg-Pro-NH$_2$.

3. Resultate und Diskussion

3.1. Einfluss unterschiedlich langer dPEG-Spacer im Bombesin-Derivat DOTA-dPEG$_x$-BN(7-14) auf pharmakologische Parameter

3.1.1. Synthese von DOTA-dPEG$_x$-BN(7-14) (x = 0, 2, 4, 6, 12, 24)

Die Bombesin dPEG$_X$ Analoga wurden an einer Rink-Amid-MBHA-Festphase mit Hilfe eines semiautomatischen Peptidsynthesizers und der Fmoc-Strategie aufgebaut (AAV1). Die Aminosäuren der Sequenz, welche über reaktive Seitenketten verfügen, wurden in geschützter Form eingesetzt.

Da Fmoc-dPEG$_{24}$-OH recht teuer ist, wurden für die Kopplung anstatt 3 eq nur 2 eq des Spacers verwendet und dafür die Reaktionszeit auf 5 h verlängert. Ebenso wurde die darauf folgende Fmoc-Abspaltungsreaktion auf 4 x 10 min verlängert, da ansonsten die Fmoc-Schutzgruppe nicht vollständig entfernt werden konnte. Für die finale Reaktion mit DOTA(tBu)$_3$ wurde eine Doppelkopplung von jeweils 16 h durchgeführt. Nach Abspaltung, Entschützung und Reinigung wurde DOTA-dPEG$_{24}$-BN(7-14) mit einer Ausbeute von 3.2% erhalten.
Für die weiteren dPEG-Analoga wurden Ausbeuten von ca. 10% erreicht (Ausbeute basierend auf der eingesetzten Peptidstoffmenge Fmoc-BN(7-14)-Harz) (Tabelle 8).

code	Substanz	MW [g/mol]	ESI-MS # [g/mol]	HPLC t$_R$ [min] G*	G$^+$	R.h. [%]	Ausb. [%]
15	DOTA-BN(7-14)	1324.7	1365.1 (4, [M+K]$^+$)	15.9	16.7	> 97	11.9
16	DOTA-dPEG$_2$-BN(7-14)	1470.7	1509.9 (23, [M+K]$^+$)	16.2	18.4	> 96	11.3
17	DOTA-dPEG$_4$-BN(7-14)	1572.8	1611.6 (100, [M+K]$^+$)	16.8	21.3	> 97	7.3
18	DOTA-dPEG$_6$-BN(7-14)	1660.9	851.2 (100, [M+K+H]$^{++}$)	17.2	23.2	> 96	11.1
19	DOTA-dPEG$_{12}$-BN(7-14)	1925	982.9 (10, [M+K+H]$^{++}$)	18.1	27.9	> 96	10.2
20	DOTA-dPEG$_{24}$-BN(7-14)	2453.3	1247.3 (5, [M+K+H]$^{++}$)	19.5	33.7	> 95	3.2
21	DOTA-[β-Ala^{11}]-PESIN	1586.8	1626.4 (3, [M+K]$^+$)	16.3	19.6	> 94	8.5
22	DOTA-[β-Ala^{11},Met(O)^{14}]-PESIN	1602.8	1641.8 (10, [M+K]$^+$)	14.8	13.6	> 97	22.5

Tabelle 8: Analytische Daten der synthetisierten dPEG$_x$-Analoga; R.h.: Reinheit; Ausb.: Ausbeute;
Beobachtete Masse, relative Signalintensität, Interpretation
G*: S1, G1
G$^+$: S1, G2

Die gereinigten und analysierten Produkte wurden aus Wasser lyophilisiert und die genaue Stoffmenge des Peptides durch die UV/VIS-Spektroskopie (**AAV7**) und teilweise durch die Tracermethode (**AAV8**) bestimmt. Anschliessend wurden für radioaktive Markierungen gebrauchsfertige Aliquots bzw. Stammlösungen hergestellt. Von allen DOTA-dPEG$_X$-BN(7-14) (x = 0, 2, 4, 6, 12, 24) Substanzen wurden für Bindungsaffinitätsstudien und Circulardichroismusexperimente mit natürlichem Lutetium Komplexierungen gemäss **AAV9** durchgeführt (Tabelle 9).

Substanz	MW [g/mol]	ESI-MS [#] [g/mol]	HPLC t$_R$ [min] Gradient [*]	Reinheit [%]
^{nat}Lu-DOTA-BN(7-14)	1497.6	1499.2 (56, [M+H]$^+$)	16.0	> 95
^{nat}Lu-DOTA-dPEG$_2$-BN(7-14)	1642.7	1643.3 (38, [M+H]$^+$)	16.5	> 96
^{nat}Lu-DOTA-dPEG$_4$-BN(7-14)	1744.7	1745.4 (28, [M+H]$^+$)	17.3	> 92
^{nat}Lu-DOTA-dPEG$_6$-BN(7-14)	1832.8	1833.5 (15, [M+H]$^+$)	17.6	> 97
^{nat}Lu-DOTA-dPEG$_{12}$-BN(7-14)	2096.9	1049.8 (48, [M+2H]$^{++}$)	18.5	> 97
^{nat}Lu-DOTA-dPEG$_{24}$-BN(7-14)	2625.2	1314.5 (12, [M+2H]$^{++}$)	19.9	> 92
^{nat}Lu-DOTA-[β-Ala^{11}]-PESIN	1758.7	1760.5 (21, [M+H]$^+$)	16.5	> 92
^{nat}Lu-DOTA-[β-Ala^{11},Met(O)^{14}]-PESIN	1774.7	1776.7 (14, [M+H]$^+$)	15.0	> 96

Tabelle 9: Analytische Daten der synthetisierten und ^{nat}Lu komplexierten dPEG$_x$-Analoga;
Beobachtete Masse, relative Signalintensität, Interpretation
Gradient [*]: S1, G1

3.1.2. Untersuchung der Oxidation von DOTA-dPEG$_4$-[β-Ala^{11}]-BN(7-14)

Bei den Markierungen der Bombesin-Derivate mit der Sequenz BN(7-14) wurde bei der Qualitätskontrolle stets eine chemische Verunreinigung durch Radiolyse festgestellt, welche auch bei Substanz P-Derivaten auftritt und im HPLC-Chromatogramm vor dem Produktpeak erscheint. Es wurde gezeigt, dass es sich beim zweiten Peak um das oxidierte Substanz P-Derivat in Form des Methionin-Sulfoxids handelt. Da Bombesin(7-14) wie Substanz P ebenfalls die Aminosäure Methionin in der Sequenz enthält, ist es sehr wahrscheinlich, dass es sich bei dem Nebenprodukt um die gleiche oxidierte Form handelt (*132*). Um dies zu bestätigen, wurde das synthetisierte Bombesin-Derivat DOTA-dPEG$_4$-[β-Ala^{11}]-BN(7-14) (DOTA-[β-Ala^{11}]-PESIN) mit ^{177}Lu markiert (Abbildung 31, A) und der Anstieg des Nebenproduktes durch Zugabe des Oxidationsmittels H$_2$O$_2$ forciert. Die Reaktion wurde mittels analytischer HPLC beobachtet (Abbildung 31, B, C, D). Für die definitive Bestätigung wurde das vermutete Nebenprodukt DOTA-dPEG$_4$-[β-Ala^{11},**Met(O)^{14}**]-BN(7-14) (DOTA-[β-Ala^{11},**Met(O)^{14}**]-PESIN) synthetisiert (**AAV10**), mit ^{177}Lu-markiert, und die Retentionszeit mit dem Nebenprodukt verglichen (Abbildung 31). Die Retentionszeiten waren identisch.

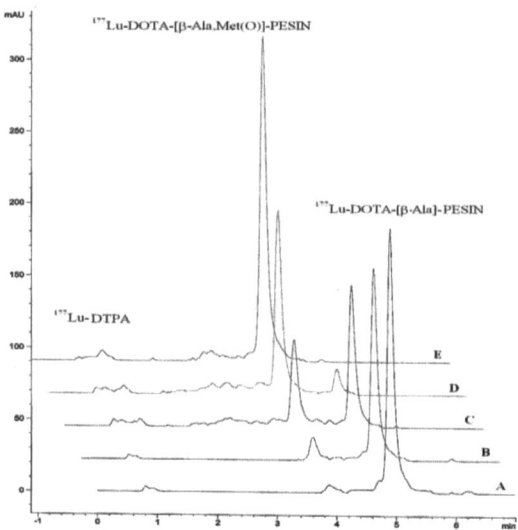

Abbildung 31: Untersuchung der Radiolyse von ^{177}Lu-DOTA-dPEG$_4$-[β-Ala^{11}]-BN(7-14) mittels analytischer HPLC durch Zugabe von H$_2$O$_2$. (A) ^{177}Lu-DOTA-dPEG$_4$-[β-Ala^{11}]-BN(7-14), (B) Zugabe von H$_2$O$_2$ nach 30 min, (C) nach 2h, (D) nach 6h, (E) ^{177}Lu-DOTA-dPEG$_4$-[β-Ala^{11}-Met(O)^{14}]-BN(7-14).

Die Auswirkung dieser oxidativen Radiolyse auf das pharmakologische Verhalten wurde anhand von DOTA-dPEG$_4$-[β-Ala^{11}]-BN(7-14) untersucht, welches eine modifizierte Form des DOTA-PESIN darstellt und durch die Präsenz der Aminosäure β-Alanin an der elften Position nach *Mantey et al.* eine bessere Bindungsaffinität zu den GRP-, NMB- oder BN-Rezeptoren verspricht (*133, 134*).

Durch Bindungsaffinitätsstudien wurde gezeigt, dass das **nicht** oxidierte Derivat mit einem IC$_{50}$-Wert von 1.7±0.8 nmol/l (n = 2) eine sehr gute Affinität zum GRP-R hat, während das oxidierte Derivat mit einem IC$_{50}$-Wert > 1000 nmol/l seine Bindungsaffinität zum Rezeptor vollständig verliert. Diese Resultate zeigen, dass die Unterdrückung der radiolytischen Oxidation von grösster Bedeutung ist. In der Praxis werden dazu Antioxidationsmittel wie Methionin oder Ascorbinsäure im grossen Überschuss verwendet, welche die Oxidation verringern (Abbildung 32).

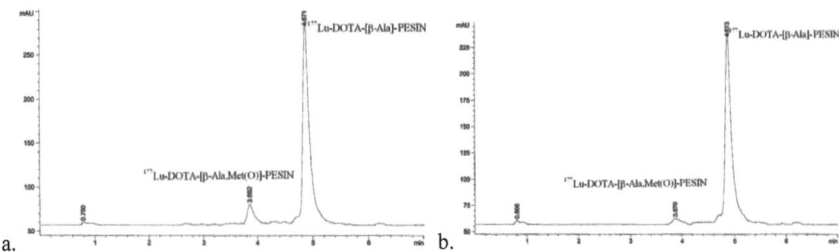

Abbildung 32: Markierlösung von ^{177}Lu-DOTA-dPEG$_4$-[β-Ala^{11}]-BN(7-14) a.) ohne Methionin, b.) mit Methionin.

3.1.3. Log D-Bestimmung von ^{nat}Lu-DOTA-dPEG$_x$-BN(7-14) (x = 0, 2, 4, 6, 12, 24)

Die Annahme, dass eine Erhöhung der Kettenlänge der dPEG-Spacer eine Steigerung der Hydrophilie bewirkt, wurde durch die HPLC-Analyse nicht bestätigt.

Die Methode der HPLC-Analyse ist für die Hydrophiliebestimmung jedoch nur bedingt geeignet, da die Retentionszeiten nicht nur von der Polarität, sondern auch von anderen Faktoren wie der chemischen Struktur oder der Grösse der Verbindungen abhängig ist. Deshalb wurde die klassische log D-Methode für die Hydrophiliebestimmung durchgeführt.

Die Log D-Werte wurden entsprechend der *OECD-Richtlinien für die Evaluierung von chemischen Verbindungen* durch die „Schüttel-Methode" unter Gebrauch von 1-Octanol und PBS (pH 7.4) bestimmt. Die *OECD-Richtlinien* geben an, dass Werte < -2, nicht genügend aussagekräftig sind *(109)*.

Substanz	Log D-Wert	
	M$^{\#}$	ds
^{nat}Lu-DOTA-BN(7-14)	-2.69	0.04
^{nat}Lu-DOTA-dPEG$_2$-BN(7-14)	-3.21	0.27
^{nat}Lu-DOTA-dPEG$_4$-BN(7-14)	-3.33	0.61
^{nat}Lu-DOTA-dPEG$_6$-BN(7-14)	-3.39	0.74
^{nat}Lu-DOTA-dPEG$_{12}$-BN(7-14)	-3.4	0.65
^{nat}Lu-DOTA-dPEG$_{24}$-BN(7-14)	-3.84	0.76

Tabelle 10: Log D-Werte von ^{nat}Lu-DOTA-dPEG$_x$-BN(7-14) (n = 0, 2, 4, 6, 12, 24) (n = 3). M$^{\#}$: Mittelwert der Hydrophiliebestimmung; ds: Standardabweichung

Die sehr hydrophilen ^{nat}Lu-DOTA-dPEG$_X$-BN(7-14)-Derivate haben alle einen Wert unter -2 (Tabelle 10). Eine leicht abnehmende Lipophilie ist jedoch bei zunehmender Spacerlänge erkennbar, was die anfängliche Annahme belegen würde.

3.1.4. Bindungsaffinität

Die Bindungsaffinitätsstudien wurden am Institut für Pathologie der Universität Bern durch die Arbeitsgruppe von *Prof. Reubi* durchgeführt. Von menschlichen Prostatakrebszellen, die bevorzugt GRP-Rezeptoren überexprimieren, wurde die Zellmembran inklusive Rezeptoren entfernt und für den Versuch aufgearbeitet.

In einem kompetitiven Verdrängungsexperiment wurde der Zellmembran der universale Bombesin-Radioligand ^{125}I-D-Tyr^4-BN zugegeben, um die spezifischen, hochaffinen Bindungsstellen der Membran zu besetzen. Anschliessend wurde mit ^{nat}Lu komplexierten Bombesin-Derivaten in steigender Konzentration inkubiert. Von der untersuchten Substanz wurde jene Konzentration berechnet, welche die Referenzsubstanz ^{125}I-D-Tyr^4-BN zur Hälfte verdrängt hat. Dieser Wert wird als IC$_{50}$ (Inhibition-Constant) bezeichnet. Je kleiner dieser Wert ist, umso höher ist die Affinität des untersuchten Liganden zum Rezeptor.

Substanz	IC$_{50}$ (nmol/l) *
^{nat}Lu-DOTA-BN(7-14)	392 ± 63 (n = 2)
^{nat}Lu-DOTA-dPEG$_2$-BN(7-14)	8.4 ± 4.3 (n = 3)
^{nat}Lu-DOTA-dPEG$_4$-BN(7-14)	6.1 ± 3.0 (n = 4)
^{nat}Lu-DOTA-dPEG$_6$-BN(7-14)	8.4 ± 2.7 (n = 3)
^{nat}Lu-DOTA-dPEG$_{12}$-BN(7-14)	8.8 ± 0.1 (n = 2)
^{nat}Lu-DOTA-dPEG$_{24}$-BN(7-14)	61 ± 11 (n = 2)

* n = 2 bis 3 unabhängige Experimente

Tabelle 11: Bindungsaffinitäten (IC$_{50}$) in nM für den GRP-R, in Klammern die Anzahl Experimente.

Tabelle 11 zeigt die IC$_{50}$-Werte der ^{nat}Lu-komplexierten dPEG$_x$-Analoga. Niedrige Bindungsaffinitäten liegen bei ^{nat}Lu-DOTA-BN(7-14) und auch bei ^{nat}Lu-DOTA-dPEG$_{24}$-BN(7-14) vor. Der IC$_{50}$-Wert von ^{nat}Lu-DOTA-BN(7-14) zeigt, dass ein Spacer notwendig ist, um den pharmakophoren Teil BN(7-14) von dem voluminösen ^{nat}Lu-DOTA-Komplex zu distanzieren. Ohne einen Spacer wird sonst die Bindungsstelle des Pharmakophor BN(7-14) durch den Komplex negativ beeinflusst. Ebenso zeigt ^{nat}Lu-DOTA-dPEG$_{24}$-BN(7-14) eine niedrige Affinität, der nach *Rogers et al.* unter Umständen auf den langen und sterisch anspruchsvollen Spacer zurückzuführen ist (*46*). Die Analoga ^{nat}Lu-DOTA-dPEG$_x$-BN(7-14) (x = 2, 4, 6, 12) besitzen alle einen IC$_{50}$-Wert von ca. 8 nM. Im Vergleich zu den von *Hoffman et al.* publizierten Verbindungen des Typs ^{nat}In-DOTA-X-BN(7-14) (x = β-Ala, 5-Ava, 8Aoc), die einen durchschnittlichen Wert von 1.5 nM (IC$_{50}$-Wert) haben (*51*), sind die im Rahmen dieser Arbeit synthetisierten Derivate ^{nat}Lu-DOTA-dPEG$_x$-BN(7-14) (x = 2, 4, 6, 12) nur geringfügig schlechter. Es gilt jedoch anzumerken, dass *Hoffman et al.* die IC$_{50}$-Werte durch ein Verdrängungsversuch an PC-3 Zellen bestimmt haben, während die Arbeitsgruppe von Prof. Reubi aus Bern zur Ermittlung der IC$_{50}$-Werte eine Autoradiographie an Prostatatumor-Gewebsschnitten durchgeführt hat (*135*).

3.1.5. Enzymatische Stabilität ^{177}Lu-DOTA-dPEG$_x$-BN(7-14) (x = 0, 2, 4, 6, 12, 24)

3.1.5.1. Enzymatische Stabilität im Blutserum

Mit diesem Experiment wurde die enzymatische bzw. metabolische Stabilität der ^{177}Lu-DOTA-dPEG$_x$-BN(7-14) (x = 0, 2, 4, 6, 12, 24)-Analoga in Serum überprüft. Hierzu wurde, entsprechend ähnlicher Konzentration der applizierten Verbindung im Patienten (130 nmol Radiopharmakon in 5 l Blut bzw. 3 l Serum), 30 pmol markierte Verbindung in 1.5 ml Blutserum inkubiert.

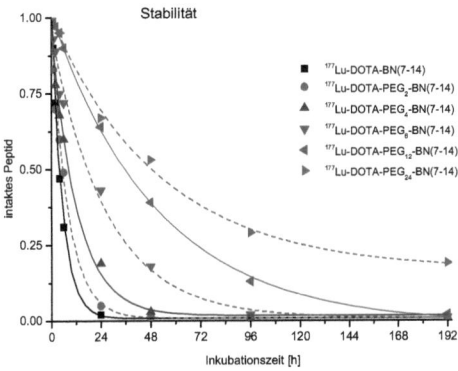

Abbildung 33: Stabilität im Serum von ^{177}Lu-DOTA-dPEG$_x$-BN(7-14) (x= 0, 2, 4, 6, 12, 24) (n = 3).

Die Geschwindigkeit des enzymatischen Abbaus der dPEG$_x$-Analoga wird in der Abbildung 33 gezeigt, wobei die Kurven nach einer Kinetik erster Ordnung gefittet wurden. Die Tabelle 12 zeigt die aus den gefitteten Kurven errechneten Halbwertszeiten als t$_{½}$.

Substanz	t½ [h] (n = 3)
^{177}Lu-DOTA-BN(7-14)	4.0 ± 0.9
^{177}Lu-DOTA-dPEG$_2$-BN(7-14)	5.7 ± 0.8
^{177}Lu-DOTA-dPEG$_4$-BN(7-14)	8.4 ± 3.2
^{177}Lu-DOTA-dPEG$_6$-BN(7-14)	18.6 ± 3.2
^{177}Lu-DOTA-dPEG$_{12}$-BN(7-14)	36.3 ± 3.9
^{177}Lu-DOTA-dPEG$_{24}$-BN(7-14)	49.3 ± 6.4

Tabelle 12: Biologische Halbwertszeiten von ^{177}Lu-DOTA-dPEG$_x$-BN(7-14) (x= 0, 2, 4, 6, 12, 24) in menschlichem Blutserum, in Klammern die Anzahl Experimente.

Eine deutliche Korrelation zwischen der Spacerlänge und der Stabiliät ist erkennbar. Je länger der eingesetzte Spacer ist, desto höher ist die enzymatische Stabilität im Blutserum.

Da Stabilitätstests von anderen Arbeitsgruppen teilweise in Plasma-Heparin durchgeführt wurde (48), wurden analoge Versuche mit ^{177}Lu-DOTA-dPEG$_2$-BN(7-14) in Plasma-Heparin und Plasma-EDTA wiederholt, um die Übereinstimmung der Stabilität in Plasma und Serum zu überprüfen (Tabelle 13).

Substanz	Serum t½ [h]	Plasma-Heparin t½ [h]	Plasma-EDTA t½ [h]
^{177}Lu-DOTA-dPEG$_2$-BN(7-14)	5.7 ± 0.8	6.8 ± 0.3	63.1

Tabelle 13: Biologische Halbwertszeiten von ^{177}Lu-DOTA-dPEG$_2$-BN(7-14) in menschlichem Blutserum, Plasma-Heparin und Plasma-EDTA (n = 2).

Die biologischen Halbwertszeiten in Serum und Heparin-Plasma sind nahezu identisch. Die Halbwertszeit des ^{177}Lu-DOTA-dPEG$_2$-BN(7-14)-Derivats in EDTA-Plasma ist um einen Faktor 10 gestiegen (Tabelle 13). Da Metallopeptidasen im Blut vertreten sind, welche für die Degradierung der Bombesin-Derivate verantwortlich sein könnten, könnte der chemische Zusatz EDTA die Metallopeptidasen inhibieren und so die erhöhte Stabilität von ^{177}Lu-DOTA-dPEG$_2$-BN(7-14) im Serum erklären.

3.1.5.2. Identifizierung der Metaboliten von ^{177}Lu-DOTA-dPEG$_2$-BN(7-14) und ^{177}Lu-DOTA-dPEG$_{12}$-BN(7-14)

Für die Identifizierung der ^{177}Lu-DOTA-dPEG$_2$-BN(7-14)-Metaboliten bzw. der enzymatischen Spaltungsstelle wurden alle potenziellen Fragmente des Derivates mittels SPPS analog zu **Kapitel 3.1.1.** synthetisiert (**AAV1**). Jedoch wurde das Rink-Acid-Harz als Festphase verwendet, da nach enzymatischen Peptidabbau Metaboliten mit einer Carbonsäurefunktion am C-Terminus gebildet werden (**AAV2**).

code	Hypothetischen Metaboliten	MW [g/mol]	ESI-MS # [g/mol]	HPLC t$_R$ [min] Gradient †
1	DOTA			1.1
2	DOTA-dPEG$_2$-OH	549.3	550.3 (100, [M+H]$^+$)	1.4
3	DOTA-dPEG$_2$-Gln-OH	677.3	714.3 (21, [M+K-H]$^-$)	1.5
4	DOTA-dPEG$_2$-Gln-Trp-OH	863.2	451.9 (100, [M+K+H]$^+$)	5.7
5	DOTA-dPEG$_2$-BN(7-9)-OH	934.4	973.4 (100, [M+K]$^+$)	5.5
6	DOTA-dPEG$_2$-BN(7-10)-OH	1033.5	1034.3 (34, [M+H]$^+$)	6.9
7	DOTA-dPEG$_2$-BN(7-11)-OH	1090.5	1091.5 (25, [M+H]$^+$)	6.4
8	DOTA-dPEG$_2$-BN(7-12)-OH	1227.6	1268.0 (12, [M+K]$^+$)	6.0
9	DOTA-dPEG$_2$-BN(7-13)-OH	1340.2	1379.0 (8, [M+K]$^+$)	8.0

Tabelle 14: Analytische Daten der synthetisierten hypothetischen Metaboliten.
\# Beobachtete Massenpeaks, relative Signalintensität, Interpretation
Gradient † : **S2, G4**

Da während eines Serumstabilitätsexperiments Stoffmengen an Radiopharmakon eingesetzt werden, die unter der Nachweisgrenze des HPLC UV/Vis-Detektors liegen (ca. 1 nmol Substanz), wurden zur Untersuchung hypothetischer Metaboliten die korrespondierenden DOTA-Chelator-gekoppelten Substanzen dargestellt. Nach Markierung mit ^{177}Lu lassen sich diese mit dem deutlich sensitiveren Radioaktivitäts-Durchflussdetektor nachweisen (Nachweisgrenze ca. 62 kBq, entspricht bei einer spezifischen Aktivität von 61.7 MBq / nmol Substanz etwa 1 pmol Substanz).

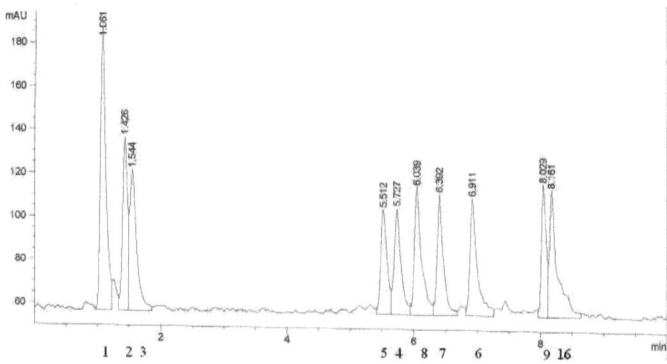

Abbildung 34: HPLC-Chromatogramm der hypothetischen ^{177}Lu-DOTA-dPEG$_2$-BN(7-14)-Metaboliten (**1, 2, 3, 4, 5, 6, 7, 8, 9** siehe Tabelle 14) und des intaktem Peptids (**16**) auf der Chromolith-Säule (**S2,G4**).

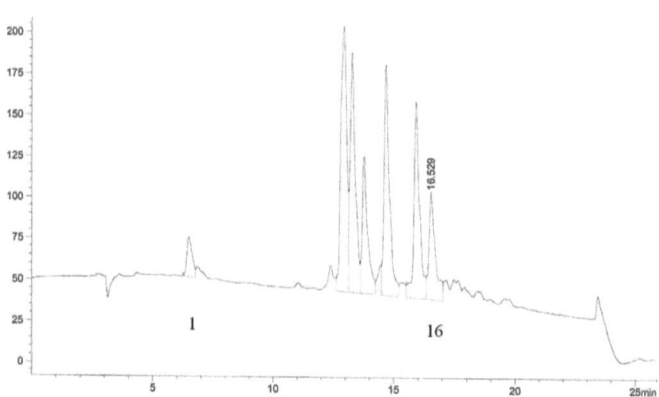

Abbildung 35: HPLC-Chromatogramm der hypothetischen ^{177}Lu-DOTA-dPEG$_2$-BN(7-14)-Metaboliten und des intakten Peptids (**16**) bei einem langen 26 min Gradienten (**S1,G1**).

Durch einen geeigneten HPLC-Gradienten (**G4**) wurden die synthetisierten und ^{177}Lu-markierten Fragmente aufgetrennt (Abbildung 34). Die Chromolith-Säule (**S2**) und der evaluierte Gradient (**G4**) zeigen innerhalb einer kurzen Laufzeit eine gute Selektivität. Im Vergleich zu dem ehemaligen 26 min Standardgradienten (Abbildung 35) (**G1**) auf der Nucleosil-Säule (**S1**) konnten nicht nur die Laufzeit verkürzt, sondern auch die

Trennungsparameter verbessert werden, was insgesamt eine bessere chromatographische Trennleistung zur Folge hat.

Wird das Chromatogramm mit dem Serumüberstand vom ^{177}Lu-DOTA-dPEG$_2$-BN(7-14) (6h Zeitpunkt) und das Chromatogramm mit allen markierten hypothetischen Metaboliten übereinander gelegt, lässt sich durch die Peak-Kongruenz bereits eine erste Aussage über die Metaboliten-Identifikation machen.

Die Metabolitenannahmen wurden mit den Koinjektionsstudien mit dem 6h-Wert des Serumüberstandes von ^{177}Lu-DOTA-dPEG$_2$-BN(7-14) und den Markierlösungen bestätigt (Abbildung 36).

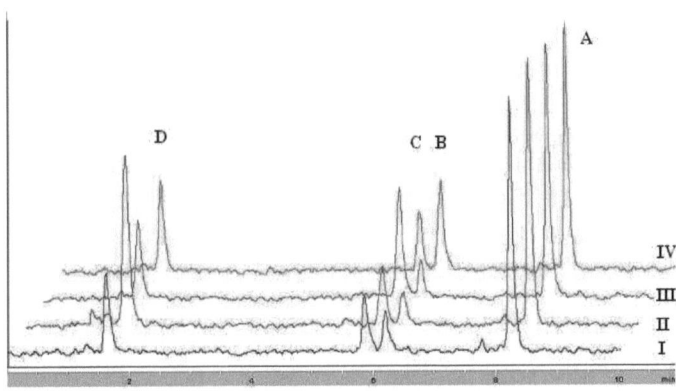

Abbildung 36: HPLC-Chromatogramm von ^{177}Lu-DOTA-dPEG$_2$-BN(7-14) (A) nach 6 h Inkubation im menschlichen Serum (I), Koinjektion der Lösung ^{177}Lu-DOTA-dPEG$_2$-Gln-OH (D) und der Lösung I (II), Koinjektion der Lösung ^{177}Lu-DOTA-dPEG$_2$-Gln-Trp-OH (C) and der Lösung I (III), Koinjektion der Lösung ^{177}Lu-DOTA-dPEG$_2$-BN(7-12)-OH (B) und der Lösung I (IV).

Somit konnten die enzymatischen Spaltungsstellen von ^{177}Lu-DOTA-dPEG$_2$-BN(7-14) identifiziert werden (Abbildung 37).

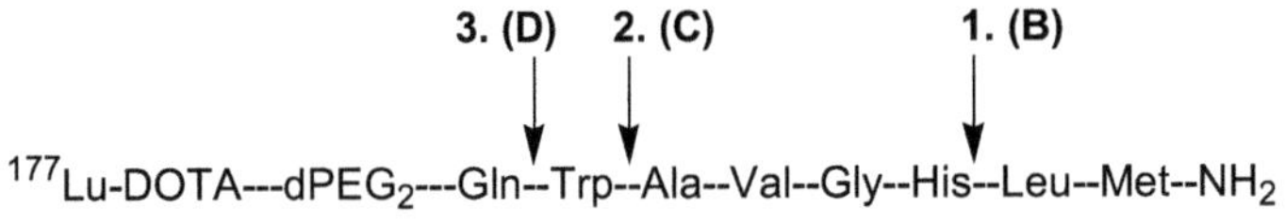

3. (D)   2. (C)   1. (B)
  ↓   ↓   ↓
^{177}Lu-DOTA---dPEG$_2$---Gln--Trp--Ala--Val--Gly--His--Leu--Met--NH$_2$

Abbildung 37: Die drei enzymatischen Spaltungsorte des radiomarkierten DOTA-dPEG$_2$-BN(7-14).

Da die dPEG$_x$ Analoga signifikant unterschiedliche Serumstabilitäten aufweisen, wurde die Ursache der Halbwertszeit-Abweichungen untersucht. Zwei Hypothesen wurden aufgestellt: Erstens könnte die Spacerlänge einen Einfluss auf die enzymatischen Spaltungsstellen haben, wodurch unterschiedliche Peptidasen bei der Zersetzung involviert sein könnten. Zweitens könnten durch die variierende Spacerlänge die analogen Verbindungen in wässriger Lösung in verschiedenen Konformationen vorliegen, wodurch bestimmte Strukturen resistenter gegenüber Proteasen sind.

Um die erste These zu überprüfen, wurde ein zweites dPEG$_x$-Analogen, jedoch mit einem langen Spacer ausgewählt, nämlich ^{177}Lu-DOTA-dPEG$_{12}$-BN(7-14), um die enzymatische Spaltungsstelle zu verifizieren.

Für dieses Experiment wurden nur die in Frage kommenden Metaboliten von DOTA-dPEG$_{12}$-BN(7-14) synthetisiert (*136, 137*). Diese wurden nach dem gleichen Schema gemäss **AAV1/AAV2** hergestellt (Tabelle 15).

code	Hypothetischen Metaboliten	MW [g/mol]	ESI-MS # [g/mol]	HPLC t$_R$ [min] Gradient ‡
10	DOTA-dPEG$_{12}$-OH	1003.5	1042.8 (23, [M+K]$^+$)	3.1
11	DOTA-dPEG$_{12}$-Gln-OH	1131.6	1170.6 (18, [M+K]$^+$)	2.5
12	DOTA-dPEG$_{12}$-Gln-Trp-OH	1317.7	1356.4 (36, [M+K]$^+$)	6.4
13	DOTA-dPEG$_{12}$-BN(7-11)-OH	1544.8	1584.4 (22, [M+K]$^+$)	6.8
14	DOTA-dPEG$_{12}$-BN(7-12)-OH	1681.9	1720.7 (10, [M+K]$^+$)	6.2

Tabelle 15: Analytische Daten der synthetisierten hypothetischen Metaboliten.
\# Beobachtete Massenpeaks, relative Signalintensität, Interpretation
Gradient ‡: **S2, G5**

Anhand der sechs synthetisierten hypothetischen Metaboliten von ^{177}Lu-DOTA-dPEG$_{12}$-BN(7-14) wurde der Gradient evaluiert (Abbildung 38).

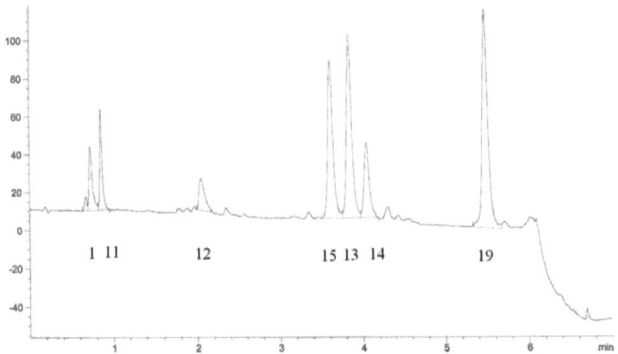

Abbildung 38: HPLC-Chromatogramm von sechs potentiellen ^{177}Lu-DOTA-dPEG$_{12}$-BN(7-14)-Metaboliten (**1, 11, 13, 14, 15**) und dem intakten Peptid (**19**) auf der Chromolith-Säule (**S2,G5**).

Es wurde nur noch ein Koinjektionsstudium durchgeführt (Abbildung 39), wobei der 48 h Serumüberstand von ^{177}Lu-DOTA-dPEG$_{12}$-BN(7-14) mit den hypothetischen Metaboliten koinjiziert wurde.

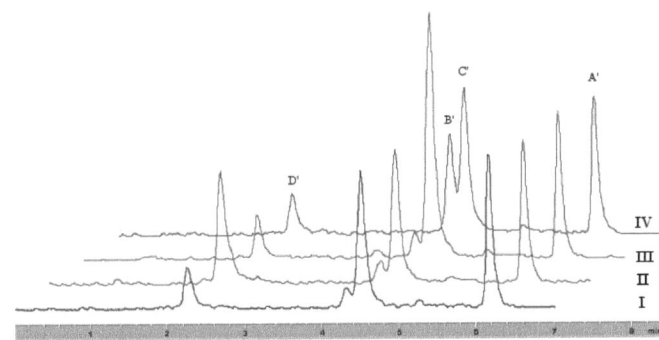

Abblidung 39: HPLC-Chromatogramm von ^{177}Lu-DOTA-dPEG$_{12}$-BN(7-14) (**A'**) nach 48 h Inkubation im menschlichen Serum (I), Koinjektion der Lösung ^{177}Lu-DOTA-dPEG$_{12}$-Gln-OH (**D'**) und der Lösung I (II), Koinjektion der Lösung ^{177}Lu-DOTA-dPEG$_{12}$-Gln-Trp-OH (**C'**) and der Lösung I (III), Koinjektion der Lösung ^{177}Lu-DOTA-dPEG$_{12}$-BN(7-12)-OH (**B'**) und der Lösung I (IV).

Das Chromatogramm zeigt eine gute Kongruenz der Peaks zwischen den in Serum entstandenen ^{177}Lu-DOTA-dPEG$_{12}$-BN(7-14)-Metaboliten und den koinjizierten, synthetisierten potentiellen Metaboliten. Dies zeigt, dass die Spacerlänge keinen Einfluss auf eine differenzierte enzymatische Degradierung der dPEG$_x$-Analoga hat. Man kann davon ausgehen, dass die Analoga, unabhängig vom Spacer, von den gleichen Peptidasen zu ^{177}Lu-DOTA-dPEG$_x$-Gln, ^{177}Lu-DOTA-dPEG$_x$-Gln-Trp und ^{177}Lu-DOTA-dPEG$_x$-BN(7-12) metabolisiert werden. Um dies zu bestätigen, wurde im Punkt 3.1.5.4 die Kinetik des Zerfalles untersucht.

Die zweite Hypothese wird unter 3.1.6. Circulardichroismus behandelt.

3.1.5.3. Blockierungsversuche der Peptidasen durch unterschiedliche Inhibitoren anhand von ^{177}Lu-DOTA-dPEG$_2$-BN(7-14)

Da ^{177}Lu-DOTA-dPEG$_2$-BN(7-14) eine kurze biologische Halbwertszeit von 5.7±0.8 h zeigt, wurden während der Serumstabilitätstests bestimmte Inhibitoren zur Inkubationslösung gegeben, einerseits um den Zersetzungsprozess zu verlangsamen und andererseits, um die beteiligten Peptidasen zu identifizieren.

Viele natürlich vorkommende Peptide (Substanz P, Neurotensin, Met- und Leu-Enkephalin) werden von Enzymen an der Position hydrophober Aminosäuren gespalten. Verantwortlich dafür ist meistens das Metallenzym *neutral endopeptidase 3.4.24.11* (NEP, neprilysin, CD10, zinc metallopeptidase), das beispielsweise im Falle von Enkephalin die Bindung Gly^3-Phe^4 spaltet *(138, 139)*. Da NEP als Enzym an der Kontrolle des Zellwachstums beteiligt ist und bei bombesinähnlichen Peptiden die Positionen His^{12}-Leu^{13} und Trp^8-Ala^9 spaltet, wurde die These aufgestellt, dass NEP ebenfalls verantwortlich ist für die enzymatische Zersetzung von ^{177}Lu-DOTA-dPEG$_2$-BN(7-14) *(136-138)*.

Um diese These zu stützen, wurde das Serumstabilitätsexperiment mit ^{177}Lu-DOTA-dPEG$_2$-BN(7-14) unter Zugabe des NEP-Inhibitors Phosphoramidon wiederholt. Die Serumstabilität ($t_{½}$ = 10.2±0.2 h) wurde jedoch nur um den Faktor zwei verbessert, was einen Grund in der niedrigen Konzentration des Enzyms in menschlichem Serum haben könnte, da NEP ein zellmembran-assoziiertes Enzym ist und kaum im menschlichen Serum vertreten ist *(140)*. Damit ist die Wahrscheinlichkeit gering, dass das Enzym NEP für die Metabolisierung von ^{177}Lu-DOTA-dPEG$_2$-BN(7-14) verantwortlich ist.

Deshalb wurde der Fokus auf das *Angiotensin converting enzyme* (ACE, EC 3.4.15.1), eine Dipeptidyl-Carboxypeptidase gerichtet, die verantwortlich ist für die Inaktivierung von amidierten Peptiden wie Substanz P und Bombesin *(141)*. Bombesin und Substanz P haben die gleichen zwei Aminosäuren Leu und Met am C-Terminus. *Skidgel et al.* haben gezeigt, dass ACE die Hydrolyse an der Gly^9-Leu^{10}-Bindungsstelle des Peptides Substanz P initiiert

(142). Basierend auf dieser Tatsache wurde angenommen, dass ACE auch die Bindungsstelle His^{12}-Leu^{13} von ^{177}Lu-DOTA-dPEG$_2$-BN(7-14) hydrolysieren würde. Somit wurde das Serumstabilitätsexperiment mit ^{177}Lu-DOTA-dPEG$_2$-BN(7-14) und der Zugabe von Captopril, einem ACE-Inhibitor, durchgeführt, wobei eine signifikante Stabilisierung des Peptides beobachtet wurde. Die biologische Halbwertszeit von ^{177}Lu-DOTA-dPEG$_2$-BN(7-14) wurde von $t_{1/2}$ = 5.7±0.8 h auf $t_{1/2}$ = 29.7±1.5 h gesteigert, was einem Faktor von ca. 6 entspricht. Wurde der Inhibitionsversuch mit der gleichen Stoffmenge EDTA durchgeführt, ein Chelator welcher bekannt ist für die Inhibition von Metallopeptidasen, so resultierte eine ähnliche Stabilisierung ($t_{1/2}$ = 28.0±2.4 h) des Radiopharmakons im Blutserum wie mit Captopril.

Die These, dass ACE für die Degradierung von Bombesin-Derivaten mit der Sequenz BN(7-14) verantwortlich ist, wurde durch das Stabilisierungsexperiment mit Captopril bestätigt.

3.1.5.4. Kinetik der enzymatischen Degradierung von ^{177}Lu-DOTA-dPEG$_2$-BN(7-14) und ^{177}Lu-DOTA-dPEG$_{12}$-BN(7-14)

Die Abbildungen 40 und 41 zeigen den enzymatischen Abbau in menschlichem Blutserum von ^{177}Lu-DOTA-dPEG$_2$-BN(7-14) respektive von ^{177}Lu-DOTA-dPEG$_{12}$-BN(7-14).

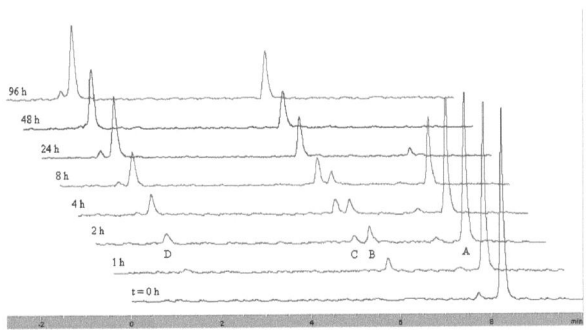

Abbildung 40: HPLC-Analysen der Serumstabilität von ^{177}Lu-DOTA-dPEG$_2$-BN(7-14) (A) nach t = 0, 1, 2, 4, 8, 24, 48, 96 h. Drei Metaboliten: ^{177}Lu-DOTA-dPEG$_2$-Gln-Trp-Ala-Val-Gly-His-OH (B), ^{177}Lu-DOTA-dPEG$_2$-Gln-Trp-OH (C), ^{177}Lu-DOTA-dPEG$_2$-Gln-OH (D).

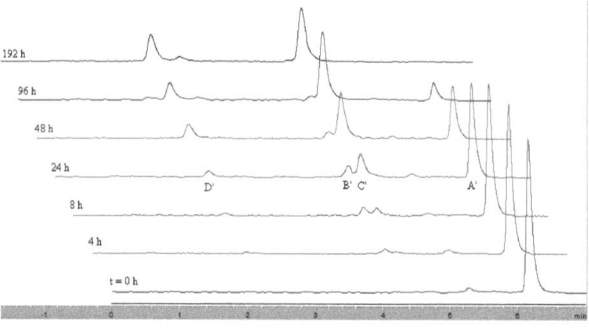

Abbildung 41: HPLC-Analysen der Serumstabilität von ^{177}Lu-DOTA-dPEG$_{12}$-BN(7-14) (A') nach t = 0, 4, 8, 24, 48, 96, 192 h. Drei Metaboliten: ^{177}Lu-DOTA-dPEG$_{12}$-Gln-Trp-Ala-Val-Gly-His-OH (B'), ^{177}Lu-DOTA-dPEG$_{12}$-Gln-Trp-OH (C'), ^{177}Lu-DOTA-dPEG$_{12}$-Gln-OH (D').

Daraus resultiert die Kinetik des metabolischen Abbaus (Abbildung 42 und 43).

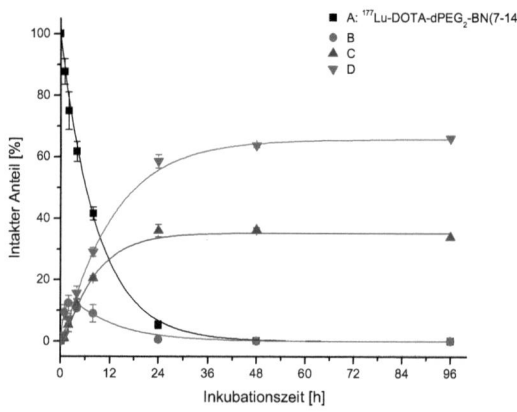

Abbildung 42: Kinetik des Abbaus von ^{177}Lu-DOTA-dPEG$_2$-BN(7-14) (A) in humanem Blutserum unter Bildung der Metaboliten B, C, D (n = 3).

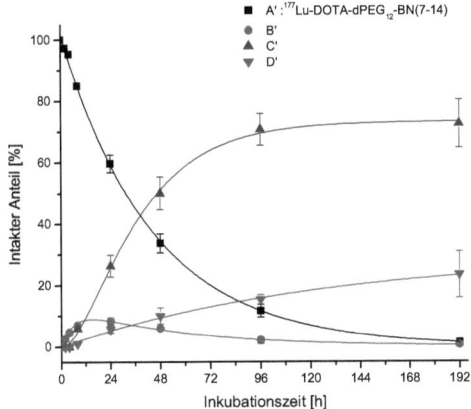

Abbildung 43: Kinetik des Abbaus von ^{177}Lu-DOTA-dPEG$_{12}$-BN(7-14) (A') in humanem Blutserum unter Bildung der Metaboliten B', C', D' (n = 3).

Es scheint, dass die Peptide einem leicht unterschiedlichen Abbaumechanismus folgen und dass vielleicht noch weitere Peptidasen für die Inaktivierung der Peptide verantwortlich sind. Um dies zu verifizieren wurden Serumstabilitätsexperimente der synthetisierten Metaboliten ^{177}Lu-DOTA-dPEG$_2$-BN(7-12), ^{177}Lu-DOTA-dPEG$_2$-Gln-Trp (Abbildung 44) und ^{177}Lu-DOTA-dPEG$_{12}$-BN(7-12), ^{177}Lu-DOTA-dPEG$_{12}$-Gln-Trp (Abbildung 45) durchgeführt und ebenso in einem Kurvendiagramm der Abbau bzw. die Bildung der Metaboliten dargestellt.

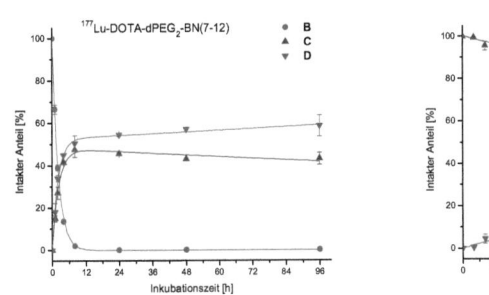
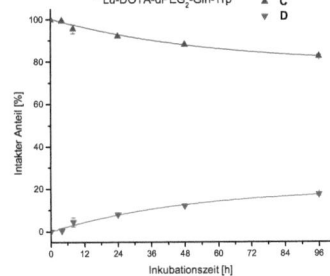

Abbildung 44: (links) Abbau des synthetisierten Metaboliten (B) ^{177}Lu-DOTA-dPEG$_2$-BN(7-12) in humanem Serum (n = 2),
(rechts) Abbau des synthetisierten Metaboliten (C) ^{177}Lu-DOTA-dPEG$_2$-Gln-Trp in humanem Serum (n = 2).

Bei der Stabilitätsstudie von ^{177}Lu-DOTA-dPEG$_2$-BN(7-14) erkennt man in Abbildung 44 (links) einen schnellen Abbau des synthetisierten Metaboliten B, wobei simultan Metabolit C und Metabolit D zu jeweils ca. 50% gebildet werden. Dies deutet auf zwei unterschiedliche Peptidasen hin, welche für die Inaktivierung von B verantwortlich sind. Der Metabolit D wird ebenso aus dem Metabolit C sehr langsam gebildet, wie es in der Abbildung 44 (rechts) zu sehen ist. Nach Interpretation der abgebildeten Figuren, folgt die Metabolisierung von ^{177}Lu-DOTA-dPEG$_2$-BN(7-14) nach dem folgenden Mechanismus:

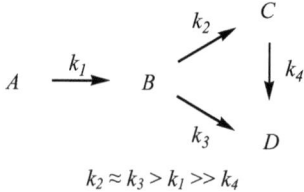

$$k_2 \approx k_3 > k_1 \gg k_4$$

Im Falle von ^{177}Lu-DOTA-dPEG$_{12}$-BN(7-14) ist einen etwas langsameren Abbau des synthetisierten Metaboliten B' zu beobachten, wobei ein starker Anstieg des Metaboliten C' zu erkennen ist (Abbildung 45, links).

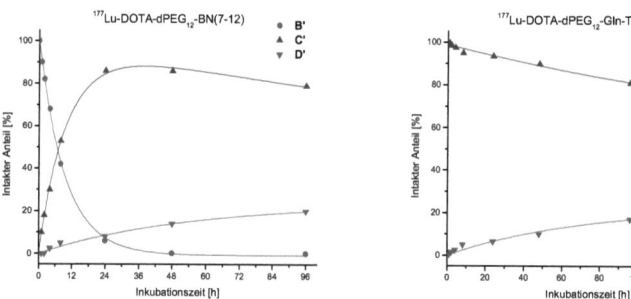

Abbildung 45: (links) Abbau des synthetisierten Metaboliten (B') ^{177}Lu-DOTA-dPEG$_{12}$-BN(7-12) in humanem Serum,

(rechts) Abbau des synthetisierten Metaboliten (C') ^{177}Lu-DOTA-dPEG$_{12}$-Gln-Trp in humanem Serum.

Der Metabolit D' wird erst nach 4 h generiert, nachdem bereits Metabolit C' gebildet wurde (Abb. 45, links). Dies deutet auf eine natürlich serielle Abbaureaktion hin. Die Annahme wird durch das nächste Serumstabilitätsexperiment des synthetisierten Metaboliten C' erhärtet (Abbildung 45, rechts), bei dem das Abbauprodukt Metabolit D' sich in identischerweise wie unter dem experimentellen Bedingungen beim Abbau von ^{177}Lu-DOTA-dPEG$_{12}$-BN(7-12) (Metabolit B') gebildet hat. Dabei entspricht der Kurvenverlauf der Zunahme des Metaboliten D' in Abbildung 45 (rechts) annähernd dem Kurvenverlauf in Abbildung 45 (links).

Der Abbau von ^{177}Lu-DOTA-dPEG$_2$-BN(7-14) folgt somit einer irreversiblen konsekutiven Reaktion erster Ordnung.

$$A' \xrightarrow{k_1'} B' \xrightarrow{k_2'} C' \xrightarrow{k_3'} D'$$
$$k_2' > k_1' > k_3'$$

Es liegen zwar unterschiedliche Abbaumechanismen von ^{177}Lu-DOTA-dPEG$_2$-BN(7-14) und ^{177}Lu-DOTA-dPEG$_{12}$-BN(7-14) vor, jedoch sieht es danach aus, als ob die erste Metabolisierung, welche die massgebende für die biologische Halbwertszeit ist, durch die gleiche Peptidase hervorgerufen wird.

3.1.6. Circulardichroismus

Da bei den Serumstabilitätsexperimenten keine eindeutige Erklärung für die verschiedenen biologischen Halbwertszeiten gefunden wurde, wurden die Konformationsunterschiede innerhalb der analogen Verbindungen untersucht.
Nicht nur die Primärsequenz des Peptides, sondern auch die Konformation spielt eine Rolle in der enzymatischen Stabilität. Biologische Enzyme sind sehr spezifisch und hydrolysieren nur diejenigen Peptide, welche die entsprechende Sequenz und auch die richtige Konformation haben.
Um die Sekundärstruktur aufzuklären, wurden Circulardichroismus (CD)-Studien der ^{nat}Lu-DOTA-dPEG$_x$-BN(7-14)-Analoga durchgeführt (Abbildung 46). Die CD-Spektren geben Aufschluss über die Beeinflussung der dPEG-Länge auf die Konformation der Peptidsequenz BN(7-14).

CD-Spektren

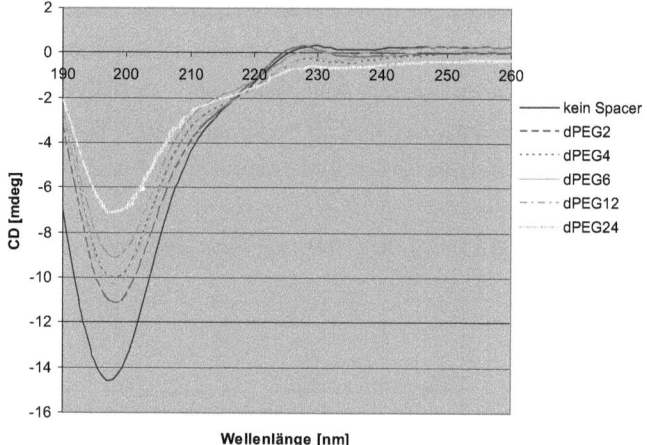

Abbildung 46: Circulardichroismus (CD) Spektren: Messungen bei 37°C durchgeführt für ^{nat}Lu-DOTA-dPEGx-BN(7-14) (x = 0, 2, 4, 6, 12, 24), 50 µM in 0.01 M phosphate buffer (pH 7.4). Die Kurven sind die Mittelwerte von 3 unabhängigen Messungen.

Das CD-Spektrum von ^{nat}Lu-DOTA-BN(7-14) (Abbildung 46) zeigt eine starke negative Bande (n -> π^*) bei 198 nm und eine schwache positive Bande (π -> π^*) bei 228 nm, was charakteristisch ist für eine ungeordnete Struktur (*random coil*). Wird das Spektrum ^{nat}Lu-DOTA-dPEG$_{24}$-BN(7-14) interpretiert, so ist ein deutlicher Unterschied zum Spektrum von ^{nat}Lu-DOTA-BN(7-14) zu erkennen. Die Intensität der negativen Bande bei 198 nm nimmt signifikant ab, während die positive Bande bei 228 nm einen negativen Charakter bekommt, was einen Hinweis auf die Präsenz von α-Helix oder β-Faltblatt gibt. Zusätzlich ist eine negative Schulter bei 211 nm hinzugekommen.

Substanz	%				
	α-helix	β-sheet	β-turn	random coil	NRMSD
^{nat}Lu-DOTA-BN(7-14)	0.0	19.4	11.2	69.4	0.009
^{nat}Lu-DOTA-dPEG$_2$-BN(7-14)	0.0	28.6	14.3	57.1	0.012
^{nat}Lu-DOTA-dPEG$_4$-BN(7-14)	1.0	29.6	16.3	53.1	0.015
^{nat}Lu-DOTA-dPEG$_6$-BN(7-14)	1.0	27.8	15.5	55.7	0.017
^{nat}Lu-DOTA-dPEG$_{12}$-BN(7-14)	0.0	33.0	18.6	48.4	0.017
^{nat}Lu-DOTA-dPEG$_{24}$-BN(7-14)	1.0	41.2	22.3	35.5	0.030

Tabelle 16: Sekundärstrukturen von ^{nat}Lu-DOTA-dPEG$_x$-BN(7-14) (x = 0, 2, 4, 6, 12, 24). Berechnung durchgeführt durch DICHROWEB web Server, CDSSTR-Methode. NRMSD-Wert gibt uns die Qualität der Annäherung an. Ein NRMSD-Wert < 0.1 ist eine gute Annäherung.

Werden die CD-Spektren durch den DICHROWEB-web-Server-Kalkulator auf die Sekundärstruktur analysiert (Tabelle 16), so erkennt man bei steigender Spacerlänge eine kontinuierliche Steigerung der β-Faltblatt- und β-Drehung-Struktur, während der *random coil* Charakter abnimmt. Eine α-Helix-Struktur konnte bei keinem der sechs Analoga festgestellt werden.

Falls es eine Korrelation gibt zwischen enzymatischer Stabilität und der Sekundärstruktur, dann lässt sie sich so interpretieren, dass eine Peptidsequenz mit einem hohen β-Faltblatt und einem kleinen *random coil*-Anteil eine ideale Sekundärstruktur besitzt, um enzymresistent zu sein.

3.1.7. Internalisierung & Externalisierung

3.1.7.1. Internalisierung

Als Vorversuch wurde die Stabilität der dPEG$_x$-Analogen in 1% FCS-Medium überprüft, um mögliche Zersetzungen der markierten Substanzen durch das Medium während der Internalisierung auszuschliessen. Alle ^{177}Lu-DOTA-dPEG$_x$-BN(7-14) (x = 0, 2, 4, 6, 12, 24) sind bis zum Zeitpunkt 24 h im 1% FCS-Medium stabil.

Substanz	Rate [%]
^{177}Lu-DOTA-BN(7-14)	0.1 ± 0.1
^{177}Lu-DOTA-dPEG$_2$-BN(7-14)	20.1 ± 2.2
^{177}Lu-DOTA-dPEG$_4$-BN(7-14)	31.4 ± 1.6
^{177}Lu-DOTA-dPEG$_6$-BN(7-14)	33.8 ± 1.7
^{177}Lu-DOTA-dPEG$_{12}$-BN(7-14)	30.7 ± 0.6
^{177}Lu-DOTA-dPEG$_{24}$-BN(7-14)	26.2 ± 2.4

Tabelle 17: Internalisierungsraten von ^{177}Lu-DOTA-dPEG$_x$-BN(7-14) (x = 0, 2, 4, 6, 12, 24) in 1 Mio PC-3 Zellen und der Konzentration von 0.25 pmol/150 µl, (n = 4).

Die in der Tabelle 17 dargestellten 6 h-Werte der analogen Verbindungen zeigen alle eine rezeptorspezifische Internalisierung, mit einem Anteil nicht-spezifischer Internalisierung < 2%. Das Peptid ^{177}Lu-DOTA-BN(7-14) mit der niedrigsten Bindungsaffinität zeigt keine Internalisierung.

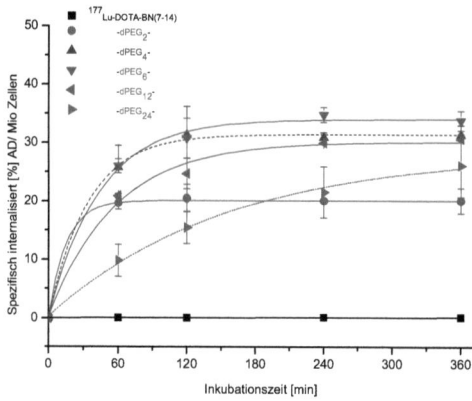

Abbildung 47: Rezeptorspezifische Internalisierungskurven von ^{177}Lu-DOTA-dPEG$_x$-BN(7-14) (x = 0, 2, 4, 6, 12, 24) (n = 4).

Eine rasche Internalisierung wurde beim dPEG$_2$-Analog beobachtet, mit einem Plateau bereits nach 1 h (Abbildung 47). Ein Analog mit einem langen Spacer wie ^{177}Lu-DOTA-dPEG$_{24}$-BN(7-14) zeigt dagegen eine langsame Internalisierung, wobei das Plateau nach 6 h noch nicht erreicht wurde. Der höchste Internalisierungswert mit 33.8% wurde beim Peptid ^{177}Lu-DOTA-dPEG$_6$-BN(7-14) erzielt. Analoga mit kürzerer bzw. längerer Spacerlänge als dPEG$_6$ zeichnen sich durch tiefere Internalisierungsraten aus.

3.1.7.2. Externalisierung

Die Externalisierungsrate von ^{177}Lu-DOTA-dPEG$_x$-BN(7-14) (x = 2, 4, 6, 12, 24) wurde ebenfalls in PC-3 Zellen untersucht. Zur Bestimmung wurde die Internalisierung nach 2 h abgebrochen, ein Mediumwechsel durchgeführt und der Anteil der verbliebenen Aktivität in der Zelle mittels γ-Counter gemessen (Abbildung 48). Nach 2 h wurden (exklusive ^{177}Lu-DOTA-dPEG$_{24}$-BN(7-14)) durchschnittlich 35% der Radiopeptide ausgeschieden. Eine signifikante Abweichung wurde im Falle von ^{177}Lu-DOTA-dPEG$_{24}$-BN(7-14) festgestellt, das nach 2 h zu 49.6±1.2% aus der Zelle ausgeschieden wurde.

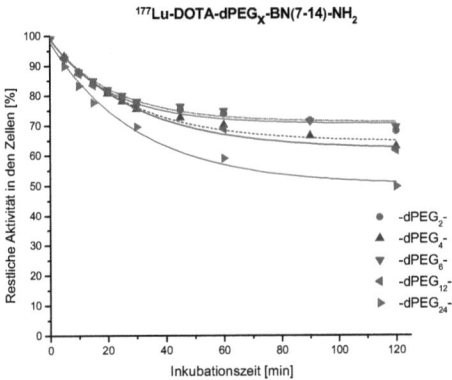

Abbildung 48: Externalisierungsraten von ^{177}Lu-DOTA-dPEG$_x$-BN(7-14) (x = 0, 2, 4, 6, 12, 24) nach 2h Internalisierung. Mittelwerte aus 2 unabhängigen Experimenten.

Die externalisierten Fraktionen von ^{177}Lu-DOTA-dPEG$_{12}$-BN(7-14) und ^{177}Lu-DOTA-dPEG$_2$-BN(7-14) wurden mittels HPLC qualitativ analysiert. Die aus den PC-3-Zellen sezernierte Radioaktivität (Zeitpunkt 45 min) beinhalteten 27.4±7.2% intaktes ^{177}Lu-DOTA-dPEG$_{12}$-BN(7-14) und 13.3±0.6% intaktes ^{177}Lu-DOTA-dPEG$_2$-BN(7-14).

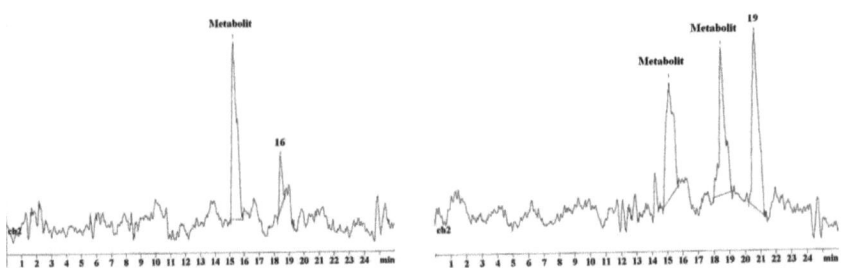

Abbildung 49: HPLC-Chromatogramm der Externalisierungsfraktionen zum Zeitpunkt 45 min, (links) intaktes Radiopeptid ^{177}Lu-DOTA-dPEG$_2$-BN(7-14) (**16**) und der gebildete Metabolit, (rechts) intaktes Radiopeptid ^{177}Lu-DOTA-dPEG$_{12}$-BN(7-14) (**19**) und die gebildeten Metaboliten.

Die lysosomalen Enzyme zersetzen somit die Peptide bereits nach 45 min zu >75%, wobei die Substanz mit dem längeren Spacer gegenüber dem Analogon mit dem kürzeren Spacer stabiler ist.

3.1.8. Bioverteilung

Die Tabelle 18 zeigt die Bioverteilung aller Bombesinanaloga in Nacktmäusen. Der höchste Tumoruptake wurde nach 4 h von der Substanz ^{177}Lu-DOTA-dPEG$_{12}$-BN(7-14) gefunden. Der Tukey's post-test für individulle Gegenüberstellungen zeigt eine signifikant höhere ^{177}Lu-DOTA-dPEG$_{12}$-BN(7-14)-Aufnahme im Tumor im Vergleich zu ^{177}Lu-DOTA-dPEG$_2$-BN(7-14) und ^{177}Lu-DOTA-dPEG$_{24}$-BN(7-14) ($P < 0.01$). Die gleichen Verhältnisse wurden im Pankreas und in der Nebenniere ($P < 0.05$) beobachtet.

Alle dPEG$_x$-Verbindungen zeigen bereits nach 4 h eine rasche Auswaschung aus dem Blut (0.01 – 0.03% ID/g). Die Hypothese, durch den dPEG-Spacer eine hydrophile Verbindung herzustellen, welche länger in der Blutbahn zirkuliert, wurde *in vivo* nicht bestätigt. Die hydrophile Komponente ist dafür verantwortlich, dass ^{177}Lu-DOTA-dPEG$_x$-BN(7-14) (x = 2, 4, 6, 12, 24) schneller renal ausgeschieden wurde. Der maximale Nierenuptake mit < 2.5% ID/g Gewebe lag relativ niedrig. Die höchsten Tumor-zu-Nieren-Verhältnisse wurden mit ^{177}Lu-DOTA-dPEG$_{12}$-BN(7-14) mit 2.4 respektive ^{177}Lu-DOTA-dPEG$_{24}$-BN(7-14) mit 2.8 gefunden.

Die Blockierexperimente – ^{nat}Lu markierte Liganden in einem 1600-fachen Überschuss – reduzierten den Tumoruptake um 74 - 86%, wobei der Nierenuptake nicht beeinträchtigt wurde. Die Aufnahme in anderen GRP-R-positiven Geweben wie Pankreas, Nebenniere, Darm, Milz oder Magen konnten ebenfalls gut blockiert werden.

Eine Korrelation zwischen dem Tumor- bzw. Pankreasuptake und der Bindungsaffinität respektive den Serumstabilitäten ist zu erkennen. Obwohl ^{177}Lu-DOTA-dPEG$_{24}$-BN(7-14) eine hohe enzymatische Stabilität im Blutserum aufweist, hat die niedrige Bindungsaffinität der Verbindung zum GRP-R eine negative Auswirkung auf den Tumoruptake bzw. GRP-R-exprimierendem Gewebe (Organe).

Organ	Zeitpunkt	dPEG$_2$ (% ID/g)	dPEG$_4$ (% ID/g)	dPEG$_6$ (% ID/g)	dPEG$_{12}$ (% ID/g)	dPEG$_{24}$ (% ID/g)	P
Blut	4 h	0.04 ± 0.01	0.09 ± 0.06	0.03 ± 0.01	0.04 ± 0.02	0.03 ± 0.03	0.65
	4 h block.*	0.03 ± 0.00		0.01 ± 0.00	0.02 ± 0.00	0.01 ± 0.00	
	24 h	0.00 ± 0.00		0.00 ± 0.00	0.01 ± 0.00	0.01 ± 0.00	
Magen[†]	4 h	0.37 ± 0.04	0.87 ± 0.19	0.94 ± 0.18	0.92 ± 0.31	0.56 ± 0.27	0.001
	4 h block.*	0.06 ± 0.03		0.08 ± 0.01	0.09 ± 0.01	0.07 ± 0.04	
	24 h	0.16 ± 0.05		0.27 ± 0.05	0.38 ± 0.07	0.28 ± 0.06	
Niere	4 h	1.66 ± 0.63	2.42 ± 0.31	1.92 ± 0.41	2.40 ± 0.60	1.20 ± 0.29	0.0009
	4 h block.*	2.97 ± 0.19		1.65 ± 0.15	2.71 ± 0.61	2.21 ± 0.36	
	24 h	1.30 ± 0.20		0.83 ± 0.10	1.36 ± 0.14	0.93 ± 0.06	
Darm[†]	4 h	1.13 ± 0.14	2.63 ± 0.16	2.33 ± 0.93	1.92 ± 0.54	1.39 ± 0.58	0.002
	4 h block.*	0.12 ± 0.01		0.24 ± 0.02	0.27 ± 0.05	0.19 ± 0.03	
	24 h	0.47 ± 0.01		0.54 ± 0.19	0.77 ± 0.27	0.62 ± 0.05	
Pankreas[†]	4 h	10.84 ± 1.59	23.6 ± 3.4	26.53 ± 6.9	28.08 ± 3.44	16.78 ± 4.12	< 0.0001
	4 h block.*	0.36 ± 0.03		0.69 ± 0.02	0.59 ± 0.06	0.51 ± 0.1	
	24 h	3.30 ± 0.57		6.45 ± 0.41	13.76 ± 0.81	12.27 ± 0.40	
Milz[†]	4 h	0.56 ± 0.22	1.35 ± 0.57	1.90 ± 0.39	1.00 ± 0.18	0.84 ± 0.18	0.013
	4 h block.*	0.11 ± 0.01		0.10 ± 0.01	0.13 ± 0.04	0.11 ± 0.03	
	24 h	0.26 ± 0.11		0.31 ± 0.19	0.51 ± 0.04	0.37 ± 0.07	
Leber	4 h	0.10 ± 0.03	0.11 ± 0.03	0.07 ± 0.08	0.12 ± 0.03	0.10 ± 0.04	0.09
	4 h block.*	0.28 ± 0.04		0.11 ± 0.01	0.19 ± 0.05	0.12 ± 0.03	
	24 h	0.06 ± 0.01		0.04 ± 0.00	0.05 ± 0.01	0.08 ± 0.01	
Muskel	4 h	0.05 ± 0.04	0.03 ± 0.02	0.07 ± 0.02	0.05 ± 0.01	0.06 ± 0.02	0.82
	4 h block.*	0.02 ± 0.02		0.01 ± 0.01	0.03 ± 0.01	0.02 ± 0.02	
	24 h	0.00 ± 0.00		0.00 ± 0.00	0.02 ± 0.01	0.03 ± 0.01	
Tumor[†]	**4 h**	**2.06 ± 0.53**	**4.31 ± 0.63**	**4.21 ± 0.84**	**5.66 ± 2.13**	**3.37 ± 0.47**	**< 0.0001**
	4 h block.*	**0.54 ± 0.07**		**0.81 ± 0.01**	**0.82 ± 0.32**	**0.79 ± 0.11**	
	24 h	**1.31 ± 0.32**		**1.76 ± 0.25**	**3.82 ± 0.57**	**1.61 ± 0.53**	
Lunge	4 h	0.08 ± 0.02	0.15 ± 0.1	0.07 ± 0.01	0.09 ± 0.02	0.13 ± 0.07	0.10
	4 h block.*	0.13 ± 0.04		0.13 ± 0.03	0.18 ± 0.02	0.24 ± 0.11	
	24 h	0.01 ± 0.01		0.03 ± 0.00	0.04 ± 0.00	0.08 ± 0.05	
Herz	4 h	0.04 ± 0.03	0.05 ± 0.03	0.04 ± 0.04	0.05 ± 0.03	0.04 ± 0.06	0.18
	4 h block.*	0.02 ± 0.01		0.02 ± 0.00	0.03 ± 0.01	0.03 ± 0.01	
	24 h	0.01 ± 0.01		0.00 ± 0.00	0.02 ± 0.01	0.03 ± 0.03	
Nebenniere[†]	4 h	4.55 ± 1.78	7.91 ± 2.41	8.86 ± 2.26	8.26 ± 1.85	3.06 ± 0.88	< 0.0001
	4 h block.*	0.20 ± 0.02		0.37 ± 0.05	0.38 ± 0.12	0.32 ± 0.12	
	24 h	2.29 ± 0.10		3.87 ± 0.27	3.98 ± 0.21	2.78 ± 0.30	
Knochen	4 h	0.22 ± 0.13	0.37 ± 0.08	0.31 ± 0.11	0.33 ± 0.25	0.43 ± 0.29	0.18
	4 h block.*	0.11 ± 0.12		0.02 ± 0.00	0.07 ± 0.04	0.05 ± 0.06	
	24 h	0.09 ± 0.05		0.11 ± 0.08	0.17 ± 0.03	0.44 ± 0.09	
Verhältnis (4h)							
Tumor/Muskel		41	143	60	113	56	
Tumor/Blut		52	47	140	142	112	
Tumor/Leber		21	39	60	47	34	
Tumor/Niere		1.2	1.8	2.2	2.4	2.8	

Tabelle 18: Bioverteilung von ^{177}Lu-DOTA-dPEG$_x$-BN(7-14) (x = 0, 2, 4, 6, 12, 24) in PC-3 tragende Nacktmäuse. Es wurden pro Zeitpunkt zwischen 3 und 7 Nacktmäuse verwendet.
[†]: Organe, die GRP-R exprimieren; *: blockiert mit dem entsprechenden unmarkierten Analog (16 nmol).

3.2. Gegenüberstellung des neu entwickelten Agonisten ^{99m}Tc-Cyclam-ahx-BN(7-14) und dem bekannten ^{111}In-DOTA-ahx-BN(7-14)

3.2.1. Synthese von Cyclam-ahx-BN(7-14) und DOTA-ahx-BN(7-14)

Das Peptid der Sequenz Fmoc-ahx-BN(7-14) wurde an einer Rink-Amid-MBHA-Festphase und mit Hilfe des semiautomatischen Peptidsynthesizers und der Fmoc-Strategie aufgebaut (AAV1).

Das Harz wurde einerseits für die konventionelle Kopplung des Chelators DOTA(tBu)$_3$ und anderseits für die Kopplungsversuche des neuartigen makrozyklischen Amin 6-Carboxy-1,4,8,11-tetraazacyclotetradecan (C-Carbonsäure-Cyclam) verwendet.

Unter den gleichen Konditionen wie die DOTA(tBu)$_3$-Kopplung wurde Carbonsäure-Cyclam vor der Kopplungsreaktion mit HATU aktiviert. Nach 24 h Reaktionszeit wies der Kaiser-Test durch eine starke blauviolette Verfärbung auf eine unvollständige Reaktion hin. Eine zusätzliche Temperaturerhöhung der Reaktion auf 60°C führte zu keiner Änderung. Die ESI-MS-Analyse der Probeabspaltung bestätigte die Resultate des Kaiser-Tests, wobei nur das Molekülion des Eduktes und nicht dasjenige des Produktes im Spektrum zu erkennen war. Da das Reagens HATU eine schnelle und selektive Kopplung ermöglicht und gegenüber anderen Kopplungsreagenzien überlegen ist, wurde vermutet, dass nach der Aktivierung des Cyclam-Chelators zwischen der aktivierten Carboxygruppe und den ungeschützten sekundären Aminogruppen des Cyclamringes eine Dimerisierung oder auch Polymerisierung des Chelators erfolgt. Deshalb wurde eine sanftere Aktivierung gewählt, wobei die Reagentienkombination DIC/HOBt verwendet wurde. Die erste Probeabspaltung zeigte nach 12 h bereits eine 75%ige Umsetzung des Eduktes zum Produkt. Nach weiteren zwei Tagen Reaktionszeit fiel der durchgeführte Kaiser-Test nur noch zu 10% positiv aus. Die Reaktion wurde abgebrochen und das Harz zuerst für 1.5 h und dann nochmals für 0.5 h mit frischer Abspaltlösung behandelt. Nach Reinigung und Lyophilisierung wurde eine Cyclam-ahx-BN(7-14) Ausbeute von 19.0% erreicht (Tabelle 19).

Die Synthese von DOTA-ahx-BN(7-14) ergab nach Abspaltung, Entschützung und Reinigung eine Ausbeute von 17.0% (Ausbeute basierend auf der eingesetzten Peptidstoffmenge Fmoc-BN(7-14)-Harz bzw. gemessene Stoffmenge bei der Fmoc-Abspaltung) (Tabelle 19).

code	Substanz	MW [g/mol]	ESI-MS # [g/mol]	HPLC tR [min] G*	HPLC tR [min] G+	Reinh. [%]	Ausbeute [%]
23	DOTA-ahx-BN(7-14)	1438.7	1439.8 (31, [M+H]$^+$)	16.3	20.5	> 96	17.0
24	Cyclam-ahx-BN(7-14)	1278.7	1280.0 (13, [M+H]$^+$)	16.3	19.2	> 96	19.6

Tabelle 19: Analytische Daten der synthetisierten Verbindungen **23, 24**.
Beobachtete Masse, relative Signalintensität, Interpretation
G*: S1, G1
G$^+$: S1, G2

Die genaue Stoffmenge der Peptide wurde durch die UV/VIS-Spektroskopie (**AAV7**) bestimmt und anschliessend als Stammlösung für radioaktive Markierungen verwendet.

3.2.2. ^{99m}Tc Markierexperimente mit Cyclam-ahx-BN(7-14)

Da bislang in der Literatur nur wenige Arbeiten zur ^{99m}Tc-Markierung von Cyclam veröffentlicht sind, wurde die ^{99m}Tc-Markierung mit Hilfe von Arbeitsvorschriften zu Markierungen von azyklischen bifunktionellen Chelatoren evaluiert und optimiert. Nach *Nock et al.* kann ein azyklischer Chelator in Phosphatpuffer bei pH 11.5 und unter Zusatz von 0.1 M Natriumcitratlösung, frisch hergestellter Zinn(II)-Chlorid-Lösung in Ethanol und [^{99m}TcO$_4$]$^-$ Aktivität innerhalb von 30 min bei RT fast vollständig komplexiert werden (*47*). Citrat, ein Transferligand bzw. schwachen Hilfsliganden wie Gluconat, wird für die Stabilisierung der entstandenen Oxidationsstufe ^{99m}Tc(V) durch eine intermediäre Komplexbildung von ^{99m}Tc(Citrat) verwendet, da Tc(V) sich zu dem sehr inerten [Tc(IV)O$_2$]$_n$ (kolloidales Technetium) weiter reduzieren lässt (Abbildung 50). Das schnell gebildete Intermediat ist einerseits in wässriger Lösung stabil und anderseits labil genug, um mit einem azyklischen Chelator durch Ligandenaustausch einen stabileren ^{99m}Tc(V)-Komplex zu bilden.

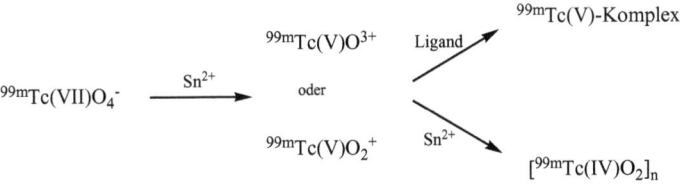

Abbildung 50: Reduktion von [^{99m}TcO$_4$]$^-$ (*143*).

In ersten Markierversuchen wurde nach Vorschrift von *Nock et al.* verfahren, welche nach Inkubation für 30 min bzw. 60 min bei RT zu Ausbeuten von 87.9% und 95.3% führten (Abbildung 52, rechts). Die Markierausbeute an ^{99m}Tc-Cyclam-ahx-BN(7-14) nahm nach 6 h bereits wieder auf 85.9% ab, was möglicherweise auf eine Dekomplexierung durch den Transferliganden von ^{99m}Tc-Cyclam-ahx-BN(7-14) zurückzuführen ist.

Da Transferliganden nicht immer zum Einsatz kommen (*123, 144*), wurden ^{99m}Tc-Markierungen auch ohne Zusatz von Transferliganden untersucht.

Um bei der ^{99m}Tc-Markierung von Cyclam-ahx-BN(7-14) eine Optimierung zu erreichen, wurden verschiedene Reaktionsparameter wie zum Beispiel der pH-Wert, die Reduktionsmittelmenge und die Transferligandenmenge untersucht. Konstant gehalten wurde die Aktivitätsmenge von etwa 200 MBq und die Peptidmenge von 20 µg (15.6 nmol) Cyclam-ahx-BN(7-14). Bei den durchgeführten Markierungen betrug somit die spezifische Aktivität 3.1 MBq/nmol (Verhältnis Peptid/ ^{99m}Tc = 1'500 : 1). Für die Herstellung der Zinn(II)-Chlorid-Lösung wurden Zinnchlorid-Kristalle unter inerter Atmosphäre in absolutem Ethanol gelöst.

Zur Bestimmung der radiochemischen Reinheit von ^{99m}Tc-Cyclam-ahx-BN(7-14) wurden sowohl HPLC- wie auch ITLC-Analysen angewendet:

1. Mittels HPLC-System und der RP-Säule (**S2**) wurde ^{99m}Tc-Cyclam-ahx-BN(7-14) von ^{99m}TcO$_4^-$ und ^{99m}Tcgluconat/citrat getrennt.
2. Die ITLC-Analysen wurden hauptsächlich zur Detektion des Kolloides ^{99m}Tc(IV)O$_2$ angewendet, welches als schwerlösliches Polymer vorliegt (Abbildung 51, Kolloid auf Bahn B (1), und zwar auf der Grundlinie zu sehen). Bei einer HPLC-Analyse bleibt das Polymer (^{99m}Tc(IV)O$_2$)$_n$ auf der RP-C$_{18}$-Säule adsorbiert, wobei dies nicht quantitativ bestimmt werden kann.

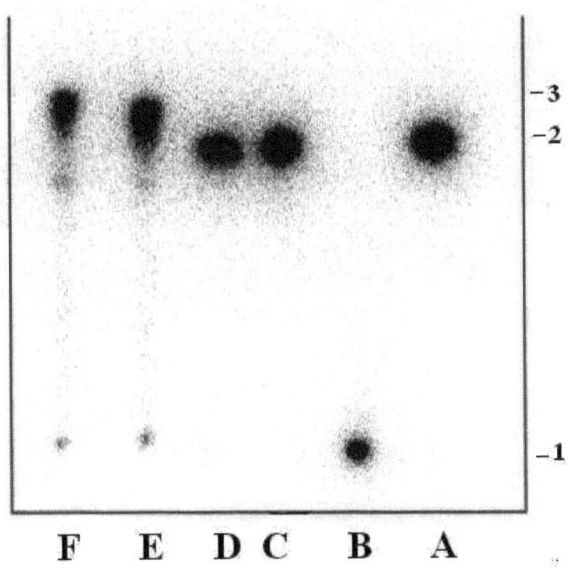

Abbildung 51: ITLC-Platte: (A) $^{99m}TcO_4^-$, (B) $^{99m}TcO_4^-$ und $SnCl_2$ (pH 11), (C) $^{99m}TcO_4^-$, $SnCl_2$ und Na-Citrat (pH 11), (D) $^{99m}TcO_4^-$, $SnCl_2$, Na-Citrat und 24 (pH 11), (E) Markierung nach *Nock et al.*, (F) Markierung nach eigener Vorschrift. (1) Kolloid ($^{99m}Tc(IV)O_2)_n$, (2) $^{99m}TcO_4^-$ bzw. $^{99m}Tc(Citrat)$, (3) ^{99m}Tc-Cyclam-ahx-BN(7-14).

Um die Markiergeschwindigkeit zu erhöhen, wurden alle Markierserien bei 95°C durchgeführt. In der ersten Serie von Markierungen wurde der pH-Wert des Phosphatpuffers (*Nock et al.*) variiert und neben 50 µg $SnCl_2 \cdot 2H_2O$ auch 5 µl 0.1 M Natriumgluconatlösung zur Markierlösung hinzugegeben.

Puffer	HPLC-Ausbeute ^{99m}Tc-Cyclam-ahx-BN(7-14)	ITLC $^{99m}Tc(IV)O_2$
pH 5	0.0%	100.0%
pH 7	0.1%	86.3%
pH 9	11.2%	45.9%
pH 11	6.6%	1.1%

Tabelle 20: HPLC-Markierausbeuten von ^{99m}Tc-Cyclam-ahx-BN(7-14) und ITLC-Kolloidausbeuten bei verschiedenen pH-Werten.

Wie in Tabelle 20 zu sehen ist, nimmt der Technetiumdioxidanteil bei höherem pH-Wert bzw. unter basischen Bedingungen ab. Die Markierausbeuten tendieren dazu, bei einem hohen pH-Wert besser zu sein.

In der zweiten Serie von Optimierungsversuchen wurden bei pH 11 unterschiedliche Mengen Na-Gluconat eingesetzt (Tabelle 21).

Na-Gluconat	HPLC-Ausbeute ^{99m}Tc-Cyclam-ahx-BN(7-14)	ITLC ^{99m}Tc(IV)O$_2$
5 µl	0.7%	4.7%
2 µl	11.3%	2.9%
1 µl	19.6%	4.0%
	52.8%	5.4%

Tabelle 21: HPLC-Markierausbeuten von ^{99m}Tc-Cyclam-ahx-BN(7-14) und ITLC-Kolloidausbeuten bei verschiedenen Na-Gluconatmengen.

Der Technetiumdioxidanteil bleibt in allen Lösungen niedrig und die Markierausbeute steigt mit sinkender Gluconatmenge an. Das Intermediat ^{99m}Tc(Gluconat) ist gegenüber dem Cyclam Chelator zu inert, wobei eine ^{99m}Tc-Markierung von Cyclam-ahx-BN(7-14) ausbleibt. In der dritten Serie wurde bei pH 11 und ohne Zusatz von Na-Gluconat eine variable Menge SnCl$_2$·2H$_2$O evaluiert (Tabelle 22).

SnCl$_2$·2H$_2$O	HPLC-Ausbeute ^{99m}Tc-Cyclam-ahx-BN(7-14)	ITLC ^{99m}Tc(IV)O$_2$
50 µg	84.6%	4.5%
30 µg	87.9%	1.3%
10 µg	86.8%	2.7%

Tabelle 22: HPLC-Markierausbeuten von ^{99m}Tc-Cyclam-ahx-BN(7-14) und ITLC-Kolloidausbeuten bei verschiedenen Zinnchloridmengen.

Der ^{99m}TcO$_2$-Anteil und die Markierausbeute haben sich dabei nicht wesentlich verändert. Da eine höhere Menge an SnCl$_2$ die ^{99m}TcO$_2$-bildung fördern kann, wurde in zukünftigen Markierungen 20 µg SnCl$_2$·2H$_2$O eingesetzt.

Zuletzt wurde der pH-Wert in Abwesenheit eines Transferliganden und mit 20 µg SnCl$_2$·2H$_2$O verifiziert (Tabelle 23).

Puffer	HPLC-Ausbeute ^{99m}Tc-Cyclam-ahx-BN(7-14)	ITLC ^{99m}Tc(IV)O$_2$
pH 7	24.3%	99.2%
pH 9	55.4%	90.3%
pH 11	97.4%	1.1%

Tabelle 23: HPLC-Markierausbeuten von ^{99m}Tc-Cyclam-ahx-BN(7-14) und ITLC-Kolloidausbeuten bei verschiedenen pH-Werten ohne Na-Gluconat.

Die optimalen Bedingungen für ^{99m}Tc-Markierungen von Cyclam-ahx-BN(7-14) liegen bei pH ≥ 11 und ohne Zusatz von Transferliganden vor (**AAV12**) (Abbildung 52, links).

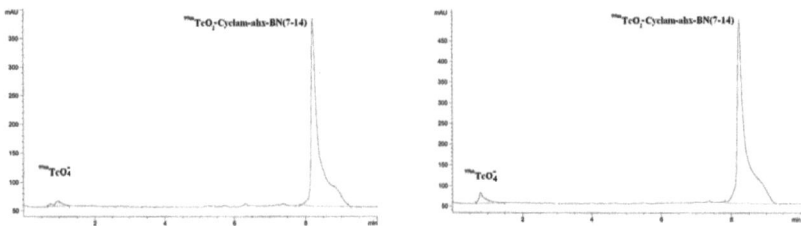

Abbildung 52: (links) Markierung nach eigener Vorschrift, (rechts) Markierung nach *Nock et al.* (*47, 48*), HPLC-Gradient (**S2,G4**).

In der Praxis wird der Phosphatpuffer häufig verwendet, um Reaktionen bei pH 7 zu puffern. Jedoch kann der Phosphatpuffer durch den dritten Pufferbereich (HPO$_4^{2-}$ / PO$_4^{3-}$) auch für die Pufferung einer Lösung bei pH 11 eingesetzt werden.
Während und nach der Reaktion wurde ein konstanter pH-Wert festgestellt. Markierversuche mit 0.1 M Na$_2$CO$_3$-Puffer, der für die Beibehaltung des pH-Wertes von 11 verwendet werden kann, haben zu den gleichen Ergebnissen geführt. Cyclam ist eine starke Base mit dem ersten und zweiten pK$_a$-Wert von 11.6 und 10.6 (*145, 146*). Bei einem pH ≥ 11 liegen die meisten Cyclam-Moleküle im monoprotonierten Zustand vor. Wird eine Markierung bei pH < 9 durchgeführt, sind in wässriger Lösung die Cyclam-Moleküle diprotoniert (*146*), womit die Komplexbildungsreaktion stark gehemmt wird.

Im Falle der Verwendung von Gluconat als Transferliganden entsteht ein ungenügend labiler ^{99m}Tc-Gluconat-Komplex, womit keine Ligandensubstitution stattfindet und die Bildung von ^{99m}Tc-Cyclam-ahx-BN(7-14) ausbleibt. Dies ist bemerkenswert, da die Markierung von *Demobesin* ohne Zusatz von Citratliganden eine niedrige Markierausbeute ergibt (*47, 48*). *Demobesin* ist ein Bombesin-Derivat mit einem azyklischen 1,4,8,11-Tetraazaundecan-Chelator (N_4-Chelator), welcher ebenfalls mit ^{99m}Tc einen oktaedrischen Dioxotechnetium(V)komplex bildet. Obwohl sich beide Chelatoren chemisch ähnlich verhalten, begünstigt beim 1,4,8,11-Tetraazaundecan-Chelator respektive hindert beim Cyclam der Transferligand die Markierung.

Der Ligand DOTA-ahx-BN(7-14) wurde entsprechend **AAV11** mit ^{111}In markiert.

3.2.3. Bindungsaffinität

Die Bindungsaffinitätsstudien wurden, wie unter 3.1.3. beschrieben, am Institut für Pathologie der Universität Bern durchgeführt.

Für den *in vitro* Versuch wurden beide Liganden als nichtkomplexierte Peptid-Chelator-Konjugate Cyclam-ahx-BN(7-14) und DOTA-ahx-BN(7-14) eingesetzt.

Substanz	IC_{50} (nmol/l)
DOTA-ahx-BN(7-14)	15
Cyclam-ahx-BN(7-14)	0.9

Tabelle 24: Bindungsaffinitäten (IC_{50}) in nM für GRP-R. Als kompetitiver Radioligand wurde ^{125}I-[D-Tyr^4]-BN eingesetzt.

Die Bindungsstudien (Tabelle 24) zeigen, dass Cyclam-ahx-BN(7-14) mit 0.9 nM eine ca. 15fach bessere Bindungsaffinität zum GRP-R aufweist als der Ligand DOTA-ahx-BN(7-14) mit 15 nM. Dieser signifikante Unterschied könnte durch den freien Chelator entstanden sein. In bestimmten Fällen verbessert sich der IC_{50}-Wert eines DOTA konjugierten Peptides durch das Einfügen eines Metalles(III) (*55, 147*).

Die von *Hoffman et al.* publizierten IC_{50}-Werte der In(III) komplexierten DOTA-X-BN(7-14) Analoga zeigen bessere Affinitäten als DOTA-ahx-BN(7-14). Der beste Wert der von *Hoffman et al* publizierten Analoga liegt bei 0.7 nM und entspricht etwa dem IC_{50}-Wert von

Cyclam-ahx-BN(7-14) (*51*). Es gilt jedoch anzumerken, dass *Hoffman et al.* die IC_{50}-Werte durch ein Verdrängungsversuch an PC-3 Zellen (man erreicht kein Gleichgewicht wegen nachgeschalteter Internalisierung) bestimmt haben, während die Arbeitsgruppe von Prof. Reubi aus Bern zur Ermittlung der IC_{50}-Werte eine Autoradiographie an Prostatatumor-Gewebsschnitten durchgeführt hat (Die Vergleichbarkeit der Werte ist somit nicht uneingeschränkt möglich). Beide Arbeitsgruppen haben jedoch den gleichen Radioliganden ^{125}I-[D-Tyr^4]-BN für das Verdrängungsexperiment verwendet (*51, 135*).

3.2.4. Stabilität

3.2.4.1. Stabilität in der Markierlösung

Die Stabilitätsuntersuchungen der zwei Radiopharmaka in der Markierlösung haben ergeben, dass die Verbindungen ^{111}In-DOTA-ahx-BN(7-14) und ^{99m}Tc-Cyclam-ahx-BN(7-14) nach 24 h zu 79.8% respektive zu 94.1% intakt blieben.
Zudem wurde keine erhöhte Radiolyse und auch keine Dissoziation des Radionuklides mittels HPLC festgestellt.

3.2.4.2. Stabilität in Blutserum

Die Bestimmung der biologischen Halbwertszeit von ^{99m}Tc-Cyclam-ahx-BN(7-14) in humanem Blutserum wurde aufgrund der kurzen physikalischen Halbwertszeit von ^{99m}Tc erschwert. Nach 8 h ist stets intaktes Peptid zu 74.7±8.9% im Serum erhalten. Die aufgearbeitete Serumprobe des 24 h-Zeitpunktes zeigte nach 4 physikalischen HWZ noch 58.8±12.4% intaktes Peptid. Das Signal im HPLC-Chromatogramm war jedoch knapp über der Nachweisgrenze, was keine genaue quantitative Bestimmung des markierten Peptides zuliess. Wurde der 24 h-Wert in die Stabilitätsberechnung miteinbezogen, lag die Halbwertszeit bei 25.2±9.8 h und ohne diesen Wert bei ca. 14 h. Für die Berechnung der Halbwertszeit wurde eine lineare Regression durchgeführt (Abbildung 53, rechts), welche im Vergleich zu einer exponentiellen Funktion zu einer besseren Annäherung zum realen Wert führte. Bei Berechnung der Halbwertszeit von ^{99m}Tc-Cyclam-ahx-BN(7-14) im Serum mittels einer exponentiellen Funktion (Abbildung 53, links) resultiert ein Wert für die HWZ von >100 h, während eine lineare Funktion eine HWZ von 25.2 h ergibt und dem realen Wert näher kommt.

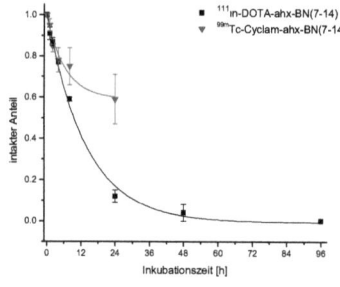
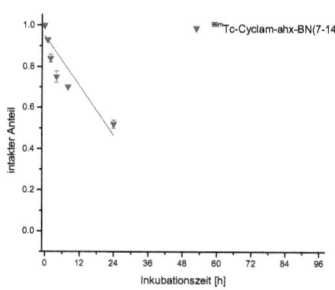

Abbildung 53: Stabilität in humanem Serum von ^{111}In-DOTA-ahx-BN(7-14) und ^{99m}Tc-Cyclam-ahx-BN(7-14) (n=3):
(links) Exponentielle Funktion Reaktion 1. Ordnung wurde durch die Datenpunkte gelegt.
(rechts) Lineare Funktion wurde durch die Datenpunkte von ^{99m}Tc-Cyclam-ahx-BN(7-14) gelegt.

Der enzymatische Abbau von ^{111}In-DOTA-ahx-BN(7-14) wird ebenso in der Abbildung 54 gezeigt, wobei die Kurven in Gebrauch der Exponentiellen Funktion Reaktion erster Ordnung dargestellt wurde (Abbildung 53, links). Die daraus resultierte biologische Halbwertszeit ist 9.5±0.5 h.

Eine bessere enzymatische Stabilität im Serum um einen Faktor von ca. 2 zeigt die Verbindung ^{99m}Tc-Cyclam-ahx-BN(7-14) gegenüber ^{111}In-DOTA-ahx-BN(7-14). Während des Abbaus von ^{99m}Tc-Cyclam-ahx-BN(7-14) im Serum wurde mittels HPLC keine Dissoziation des Radionuklides festgestellt.

3.2.5. Internalisierung & Externalisierung

3.2.5.1. Internalisierung

Die synthetisierten Verbindungen wurden bezüglich ihrer spezifischen Internalisierung anhand von GRP-R exprimierenden PC-3 Zellen getestet. Die Abbildung 54 zeigt die Kurven der Internalisierung von ^{99m}Tc-Cyclam-ahx-BN(7-14) und ^{111}In-DOTA-ahx-BN(7-14). Die Substanz ^{111}In-DOTA-ahx-BN(7-14) zeigt nach 4 h mit 31.9±5.0% einen höheren spezifischen Internalisierungswert als ^{99m}Tc-Cyclam-ahx-BN(7-14) mit 19.8±0.3%.

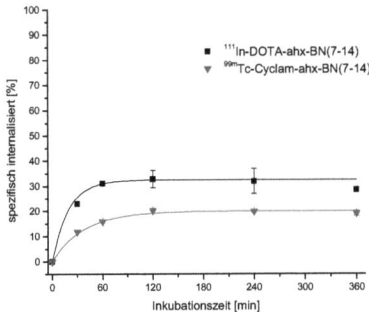

Abbildung 54: Rezeptorspezifische Internalisierungskurven von ^{111}In-DOTA-ahx-BN(7-14) und ^{99m}Tc-Cyclam-ahx-BN(7-14) (n=3).

3.2.5.2. Externalisierung

Die Externalisierung von ^{99m}Tc-Cyclam-ahx-BN(7-14) und ^{111}In-DOTA-ahx-BN(7-14) wird in der Abbildung 55 gezeigt. Obwohl die Kurven ähnlich verlaufen, zeigt ^{111}In-DOTA-ahx-BN(7-14) nach 4h mit 49.6±5.1% eine wenig höhere verbliebene Radioaktivität in den Zellen als ^{99m}Tc-Cyclam-ahx-BN(7-14) mit 46.3±1.6%. Bei der Cyclamverbindung ist jedoch vom 2h-Wert (61%) zum 4h-Wert eine deutliche Zunahme der Ausscheidungsmenge zu erkennen. Vergleicht man den 2h-Wert der Verbindungen, erkennt man bei beiden Verbindungen etwa die gleiche Externalisierungsrate (Abbildung 55).

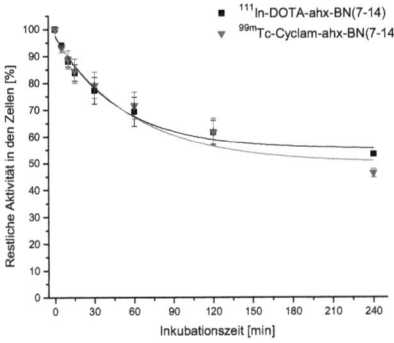

Abbildung 55: Externalisierungsraten von ^{111}In-DOTA-ahx-BN(7-14) und ^{99m}Tc-Cyclam-ahx-BN(7-14) nach 2 h Internalisierung bei 37 °C (n=3).

Die Internalisierungsrate ist für die ^{99m}Tc-markierte Verbindung im Vergleich zu ^{111}In-DOTA-ahx-BN(7-14) um einen Faktor 1.5 schlechter. Bei der Externalisierung ist zwischen diesen beiden Verbindungen kein signifikanter Unterscheid zu erkennen.

Aus den Bindungsaffinitäts- und Serumstabilitätsdaten lässt sich schliessen, dass ^{99m}Tc-Cyclam-ahx-BN(7-14) ähnliches, wenn nicht sogar höheres Potential als diagnostisches Radiopharmakon gegenüber ^{111}In-DOTA-ahx-BN(7-14) haben könnte.

Um den Einfluss der niedrigen Internalisierungsrate von ^{99m}Tc-Cyclam-ahx-BN(7-14) auf die Pharmakokinetik zu prüfen, wäre eine Bioverteilung an Xenografts Nacktmäusen (4h und Blockierexperiment) für weitere Untersuchungen notwendig.

3.3. Gegenüberstellung der in vitro und in vivo Resultate von $^{67/68}$Ga- und ^{177}Lu-markierten DOTA-Gly-AMBA-BN(7-14) (DOTA-AMBA)

3.3.1. Synthese von DOTA-AMBA

Der Bombesin-Agonist DOTA-AMBA wurde nach einem eigenen evaluierten Verfahren an Rink-Amid-MBHA-Festphase mittels der Fmoc-Strategie synthetisiert. Die N-Terminal geschützten Aminobenzosäure und Glycin wurden konventionell an das Peptid gekoppelt. Der Chelator DOTA(tBu)$_3$ musste mit härteren Bedingungen an das Peptid gekoppelt werden. Die Aktivierung des Chelators erfolgte mit HATU und die Kondensationsreaktion wurde bei 60°C durchgeführt. Nach Abspaltung/Entschützung, Reinigung und Lyophilisierung wurde ein weisses Pulver mit einer Ausbeute von ca. 11.7% erhalten (Ausbeute basierend auf der eingesetzten Peptidstoffmenge Fmoc-BN(7-14)-Harz bzw. gemessene Stoffmenge bei der Fmoc-Abspaltung) (Tabelle 25).

Die Stoffmenge wurde sowohl mit der UV/VIS-Spektroskopie (**AAV7**), als auch mit der Tracermethode (**AAV8**) überprüft.

code	Substanz	MW [g/mol]	ESI-MS $^{\#}$ [g/mol]	HPLC t$_R$ [min] G*	G$^+$	Reinh. [%]
25	DOTA-Gly-AMBA-BN(7-14)	1501.7	1541.4 (19, [M+K]$^+$)	16.5	20.1	> 95
	^{nat}Lu-DOTA-Gly-AMBA-BN(7-14)	1673.6	1675.8 (16, [M+H]$^+$)	16.9		> 95
	^{nat}Ga-DOTA-Gly-AMBA-BN(7-14)	1567.6	1568.8 (36, [M+H]$^+$)	16.5		> 95

Tabelle 25: Analytische Daten von DOTA-AMBA (**25**).
  # Beobachtete Masse, relative Signalintensität, Interpretation
  G*: S1, G1
  G$^+$: S1, G2

3.3.2. Ga/Lu Markierung von DOTA-AMBA

Die Komplexierung von DOTA-AMBA wurden mit ^{nat}GaCl$_3$ und ^{nat}LuCl$_3$ nach **AAV9** durchgeführt, während die radioaktiven Markierungen mit den Nukliden ^{67}GaCl$_3$ und ^{177}LuCl$_3$ gemäss **AAV10** realisiert wurden. Die höchsten spezifischen Aktivitäten von bis zu 72.3 GBq/µmol (^{177}Lu/Ligand = 1:10) wurden mit ^{177}Lu erreicht. Im Falle der Nuklide

^{67}Ga und ^{111}InCl$_3$ wurde eine maximale spezifische Aktivität von 11.1 GBq/µmol (^{67}Ga/Ligand = 1:133) und 16.7 GBq/µmol (^{111}In/Ligand = 1:100) erzielt.

3.3.3. Bindungsaffinität von ^{nat}Ga/^{nat}Lu-DOTA-AMBA

Die Bindungsaffinitäten sind in der Tabelle 26 zusammengefasst. Die mit Ga(III)- und Lu(III)-komplexierten DOTA-AMBA Peptide zeigen hohe Affinitäten zum GRP-R mit einem IC$_{50}$-Wert von 0.8±0.3 nM für ^{nat}Ga-DOTA-AMBA und 1.4±0.4 nM für ^{nat}Lu-DOTA-AMBA. Das Radionuklid hat somit keinen Einfluss auf die Bindungsaffinitäten zum GRP-R.

Substanz	IC$_{50}$ (nmol/l)$^{\#}$
^{nat}Lu-DOTA-Gly-AMBA-BN(7-14)	0.8 ± 0.3
^{nat}Ga-DOTA-Gly-AMBA-BN(7-14)	1.4 ± 0.4

Tabelle 26: Bindungsaffinitäten (IC$_{50}$) von ^{nat}Ga/^{nat}Lu-DOTA-Gly-AMBA-BN(7-14) für den GRP-R.
(n = 3)

3.3.4. Enzymatische Stabilität von ^{67}Ga/^{177}Lu-DOTA-AMBA

Die Überprüfung der enzymatischen Stabilität zeigte für beide Verbindungen eine ähnliche biologische Halbwertszeit, wobei ^{67}Ga-DOTA-AMBA mit 28.6±2.1 h (n=2) im Serum eine höhere Stabilität aufweist als die ^{177}Lu-markierte Verbindung mit 23.1±4.2 h (n=3).

3.3.5. Internalisierung & Externalisierung

3.3.5.1. Internalisierung

Die Internalisierungsexperimente mit ^{67}Ga-DOTA-AMBA und ^{177}Lu-DOTA-AMBA in PC-3 Zellen zeigen hohe spezifische Internalisierungsraten des Agonisten. Der Ligand ^{67}Ga-DOTA-AMBA zeigte mit 47.7± 4.4% (n=3) nach 6 h etwa den gleichen Wert wie ^{177}Lu-DOTA-AMBA mit 46.4±2.9% (n=4) (Abbildung 56).

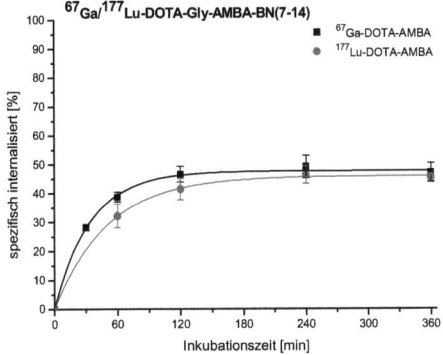

Abbildung 56: Rezeptorspezifische Internalisierungskurven von
^{67}Ga/^{177}Lu-DOTA-Gly-AMBA-BN(7-14) 0.25 pmol/1 Mio. PC-3 Zellen (n = 3 bzw. 4).

3.3.5.2. Externalisierung

Die Externalisierungsraten von ^{67}Ga-DOTA-AMBA und ^{177}Lu-DOTA-AMBA wurden ebenfalls in PC-3-Zellen studiert. Abbildung 57 zeigt nach definierten Zeitpunkten die verbliebene Radioaktivität in den Zellen. Bei beiden Markierungsarten ist eine lange Aufenthaltszeit von 73% der Radioaktivtiät in den Zellen zu erkennen.

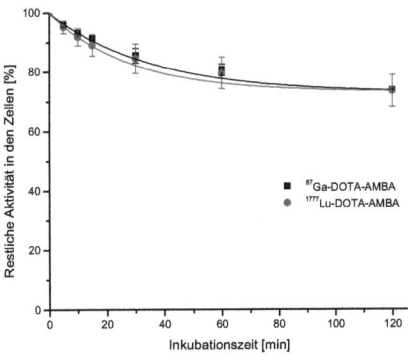

Abbildung 57: Externalisierungsraten von ^{67}Ga/^{177}Lu-DOTA-Gly-AMBA-BN(7-14) nach 2 h Internalisierung (n=2).

Vergleicht man diesen Wert mit der Externalisierungsrate von ^{177}Lu-DOTA-dPEG$_6$-BN(7-14), bei der innerhalb von 2 h ca. 31% der internalisierten Radioaktivität wieder ausgeschieden wurden, so stellt man mit 27% eine leicht geringere Ausscheidung des DOTA-AMBA-Agonisten fest.

Lantry et al. geben bei ihren *in vitro*-Experimente mit ^{177}Lu-DOTA-AMBA an, dass nur 2.9±1.8% der internalisierten Verbindung von der Zelle wieder sezerniert wurde. Ebenso konnte die von *Lantry et al.* publizierte Internalisierungsrate von 76.8±1.8% (nach 40 min in PC-3-Zellen) nicht realisiert werden (*49*).

Dazu ist anzumerken, dass die Arbeitsgruppe ein anderes Externalisierungs- und Internalisierungsprotokoll (*148*) verwendete, wobei bei der Externalisierung zum Beispiel die vorausgehende Internalisierungszeit nur 40 min anstatt 2 h betrug (*49*).

Werden die Internalisierungsraten zwischen den dPEG Analoga und ^{177}Lu-DOTA-AMBA verglichen, ist ein signifikanter Unterschied zu erkennen, wobei die Rate von ^{177}Lu-DOTA-AMBA um einen Faktor 1.4 höher ist als diejenige von ^{177}Lu-DOTA-dPEG$_6$-BN(7-14).

3.3.6. Bioverteilung

Der Agonist wurde *in vivo* an weiblichen Nacktmäusen, welchen subkutan PC-3 Zellen in die „Flanke" injiziert wurden, getestet. Die Tabelle 27 zeigt einerseits die Bioverteilung nach 4 h und anderseits die Blockierexperimente nach 4 h, wobei ein 1'600-facher Überschuss des natürlich markierten DOTA-AMBA copreinjiziert wurde. Nach 4 h erhält man mit ^{177}Lu-DOTA-AMBA eine relativ hohe Anreicherung im Tumor (4.5% ID/g) und den GRP-R-positiven Organen wie Pankreas (33.6% ID/g) und Nebenniere (13.1% ID/g). Der Nierenuptake blieb mit 3.1% ID/g relativ tief. Das Blockierexperiment reduzierte den Tumoruptake um 84% und die anderen GRP-R-positiven Gewebe wie Pankreas, Nebenniere, Darm, Milz oder Magen fast vollständig.

^{67}Ga-DOTA-AMBA besitzt nach 4 h im Allgemeinen leicht höhere Werte. Der Tumoruptake ist mit 5.6% ID/g fast 25% höher und der Nierenuptake mit 2.3% ID/g ca. 33% tiefer als bei der ^{177}Lu-markierten Verbindung. Der Pankreasuptake ist mit 68.4% ID/g gegenüber ^{177}Lu-DOTA-AMBA jedoch doppelt so hoch. Das Blockierexperiment zeigt etwa die gleichen Werte wie bei der ^{177}Lu-DOTA-AMBA-Blockierung (Tabelle 27).

Organ	^{67}Ga-DOTA-AMBA		^{177}Lu-DOTA-AMBA	
	4 h (n = 4)	4 h block (n = 3)	4 h (n = 4)	4 h block (n = 3)
Blut	0.23 ± 0.06	0.24 ± 0.03	0.04 ± 0.01	0.00
Magen[†]	2.43 ± 0.29	0.17 ± 0.03	1.74 ± 0.88	0.11 ± 0.04
Niere	2.29 ± 0.76	1.29 ± 0.20	3.12 ± 0.43	1.52 ± 0.48
Darm[†]	7.25 ± 1.50	0.34 ± 0.05	2.55 ± 0.54	0.09 ± 0.02
Pankreas[†]	68.83 ± 7.05	0.44 ± 0.01	33.55 ± 4.96	0.34 ± 0.04
Milz[†]	2.51 ± 0.80	0.22 ± 0.02	1.55 ± 0.30	0.04 ± 0.02
Leber	0.37 ± 0.05	0.50 ± 0.05	0.09 ± 0.01	0.13 ± 0.04
Muskel	0.05 ± 0.02	0.05 ± 0.01	0.05 ± 0.04	0.00
Tumor[†]	**5.60 ± 1.38**	**0.83 ± 0.04**	**4.49 ± 0.53**	**0.72 ± 0.09**
Lunge	0.25 ± 0.03	0.27 ± 0.06	0.07 ± 0.02	0.00
Herz	0.10 ± 0.01	0.08 ± 0.02	0.03 ± 0.01	0.04 ± 0.02
Nebenniere[†]	18.05 ± 3.24	0.26 ± 0.16	13.07 ± 1.95	0.03 ± 0.01
Knochen	0.53 ± 0.08	0.19 ± 0.05	0.45 ± 0.20	0.04 ± 0.01
Verhältnis				
Tumor/Muskel	112		90	
Tumor/Blut	24		112	
Tumor/Leber	15		50	
Tumor/Niere	2.4		1.4	

Tabelle 27: Bioverteilung von ^{67}Ga/^{177}Lu-DOTA-Gly-AMBA-BN(7-14) in PC-3-tragenden Nacktmäusen.
[†]: Organe, die GRP-R exprimieren

Werden die 4 h Bioverteilungsdaten von ^{177}Lu-DOTA-AMBA den publizierten Daten (Zeitpunkt 1 h bzw. 24 h) von *Lantry et al.* gegenübergestellt, so erkennt man, dass die experimentell ermittelten Werte in guter Übereinstimmung zu den Datensätze von *Lantry et al.* stehen. Eine Ausnahme stellt der Pankreasuptake dar, wobei der eigene Wert (33.55±4.96% ID/g) um einen Faktor 2 höher ist als jener von *Lantry et al.* mit dem Wert 17.78±1.8% ID/g (1 h).

3.4. Aminooxy-funktionalisierte Substanz P Analoga

Substanz P ist ein natürliches Peptid, welches eine hohe Affinität zum Neurokinin-Rezeptor Typ 1 (NK-1) aufweist. Die Schlüsselaufgabe dieses Projektes ist es, einen neuen und schnellen Weg für die Herstellung eines ^{211}At-markierten Substanz P-Derivates zu finden. Die Evaluierung der hier vorgeschlagenen schnellen Reaktion wurde anstatt mit dem Markierungsvorläufer para-^{211}At-Benzaldehyd mit dem nicht radioaktiven para-Fluorbenzaldehyd und dem aminooxyfunktionalisierten Substanz P-Derivat simuliert. Zugleich soll die Chemoselektivität der Oximbildung zwischen der Aldehydgruppe und der Aminooxyfunktion mittels zweier Modellverbindungen bestimmt werden.

3.4.1. Peptidsynthese

Es wurden zwei kurze Modellpeptide, Aminooxyacetyl-Arg-Pro-NH$_2$ und Fmoc-Lys-Pro-Gln-NH$_2$, sowie das Derivat Aminooxyacetyl-[Thi^8,Met(O$_2$)^{11}]-Substanz P an der Rink-Amid-MBHA-Festphase mit Hilfe der Fmoc-Strategie synthetisiert (AAV1). Zur Darstellung von Aminooxyacetyl-[Thi^8,Met(O$_2$)^{11}]-Substanz P wurde die Boc-Aminooxyessigsäure an das von *Stephan Good* zur Verfügung gestellte Peptid Fmoc-[Thi^8,Met(O$_2$)^{11}]-Substanz P an der Festphase gekoppelt. Die Peptide wurden nach der Abspaltung/Entschützung mittels präparativer HPLC gereinigt und lyophilisiert (Tabelle 28).

co	Substanz	MW [g/mol]	ESI-MS [#] [g/mol]	HPLC t_R [min] G^Δ	Reinh. [%]
26	Fmoc-Lys-Pro-Gln-NH$_2$	592.3	593.6 (100, [M+H]$^+$)	2.9	> 97
27	Aminooxyacetyl-Arg-Pro-NH$_2$	343.2	344.3 (100, [M+H]$^+$)	0.6	> 96
28	p-Fboa-Arg-Pro-NH$_2$	449.2	450.4 (100, [M+H]$^+$)	3.6	> 97
29	Aminooxyacetyl-[Thi^8,Met(O$_2$)^{11}]-Substanz P	1457.7	1459.2 (100, [M+H]$^+$)	3.8	> 96
30	p-Fboa-[Thi^8,Met(O$_2$)^{11}]-Substanz P	1563.7	783.5 (100, [M+2H]$^{++}$)	4.6	> 96

Tabelle 28: Analytische Daten der synthetisierten Verbindungen **26-30**.
  # Beobachtete Masse, relative Signalintensität, Interpretation
  G^Δ: S2, G3

Nach Evaporation bzw. Lyophilisierung der Aminooxy-funktionalisierten Verbindungen wurden Nebenprodukte mittels ESI-MS identifiziert, die nach der chromolitischen Reinigung mittels HPLC noch nicht detektiert wurden.
Diese Nebenprodukte wurden als Oxim-Derivate identifiziert (Abbildung 58).

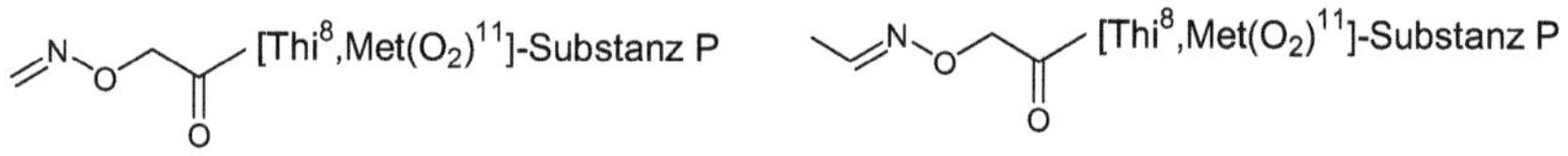

Abbildung 58: Chemische Struktur der Nebenprodukte.

Es besteht die Möglichkeit, dass die sehr reaktive Aminooxyfunktion einerseits mit allgegenwärtigem Formaldehyd und anderseits mit Acetaldehyd, das als Verunreinigung in TFA in Spuren zu finden ist, reagiert hat.

Bei **27** wurde nach dem Lyophilisieren eine Reinheit von ca. 89% und bei **29** eine Reinheit von ca. 85% erzielt. Bei den folgenden Reaktionen zwischen den Aminooxy-funktionalisierten Verbindungen und Benzaldehyd wurden die Nebenprodukte bei der Oximderivat-Ausbeuteberechnug nicht berücksichtigt.

3.4.2. Chemoselektivtät

Für die Bestimmung der Chemoselektivität wurde zuerst die Oximreaktion zwischen *para*-Fluorbenzaldehyd und der Modellverbindung Aminooxyacetyl-Arg-Pro-NH_2 (**27**) bei RT in unterschiedlichen Puffersystemen evaluiert (Abbildung 59).

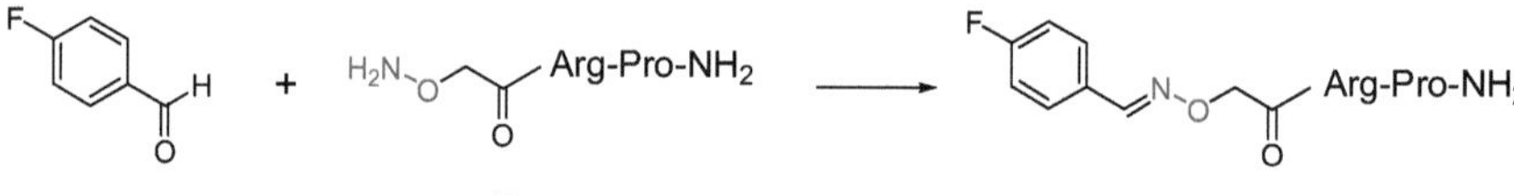

Abbildung 59: Reaktionsgleichung der Oximreaktion zwischen *para*-Fluorbenzaldehyd und **27** zu **28**.

Zur Ermittlung der Oximbildungskinetik wurden aus der Literatur vier bekannte Puffersysteme, die geeignet sind im Bereich pH 3 bis 4 zu puffern, untersucht: Acetat-, Glycin-, Phthalat- und Zitratpuffer (Abbildung 60).

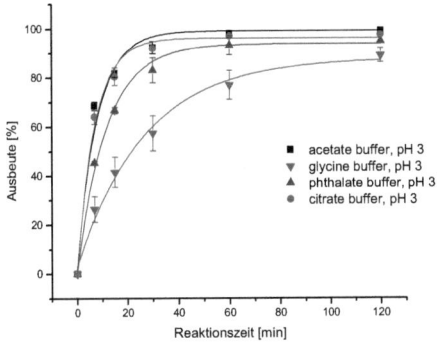

Abbildung 60: Reaktion zwischen *para*-Fluorbenzaldehyd und **27** (c = 820 µM) bei 60°C und in unterschiedlichen Puffersystemen (pH 3).

In allen Puffersystemen wurde HPLC-chromatographisch ein neuer Peak registriert, der durch die ESI-MS-Analyse als Produkt *para*-Fluorbenzylidenoxim-acetyl-Arg-Pro-NH$_2$ identifiziert wurde. Wurde die Reaktion in Acetat- oder Zitratpuffer durchgeführt, so konnte bereits nach 30 min eine Produktausbeute von > 90% beobachtet werden, wobei das Produkt über 24 h in der Lösung stabil war. Bezüglich der Ausbeute und der Kinetik wurde bei Reaktionen in Phthalat- bzw. Glyzinpuffer eine schlechtere Ausbeute bzw. eine langsamere Produktbildung festgestellt.

Unter ähnlichen Reaktionsbedingungen wurde die Iminreaktion zwischen der Lysin-ε-Aminogruppe der zweiten Modellverbindung Fmoc-Lys-Pro-Gln-NH$_2$ mit der Aldehydgruppe des *para*-Fluorbenzaldehyds untersucht, wobei anstatt 1 eq Aldehyd die doppelte Menge eingesetzt wurde. Die Reaktion wurde in Acetat- und in Zitratpuffer (pH 3) bei RT und bei 95°C durchgeführt und bei festgelegten Zeitpunkten per HPLC qualitativ und quantitativ überprüft. Nach 24 h wurde mittels HPLC und ESI-MS kein Produkt detektiert.
Obwohl eine Aminogruppe das Potential hat, mit einem Aldehyd unter Bildung eines Imins zu reagieren, wurde gezeigt, dass die Reaktion unter sauren Bedingungen inhibiert wird. *Namavari et al.*, die sich ebenfalls mit der Chemoselektivität dieser Reaktion befasst haben, bestätigen diese Beobachtung. Der Grund dafür liegt an den unterschiedlichen pK$_s$-Werten der protonierten ε-Amino- (pK$_s$ = 10.5) *(149)* bzw. der protonierten Aminooxyfunktion (pK$_s$ ca. 5) *(150, 151)*. Wird die Reaktion bei pH 3 durchgeführt, so sind die

Ammoniumoxygruppen zu 1% und die Ammoniumgruppen liegen zu $1.6 \cdot 10^{-6}$% in deprotonierter Form vor (Abbildung 61).

1.6 10^{-6} % deprotoniert

Fmoc-Lys(NH$_3^+$, pK$_s$ 10.5)-Pro-Gln-NH$_2$

1% deprotoniert

$^+$H$_3$N-O-CO-Arg-Pro-NH$_2$, pK$_s$ ca. 5

26   27

Abbildung 61: Chemische Struktur von Fmoc-Lys-Pro-Gln-NH$_2$ (**26**) und Aminooxyacet-Arg-Pro-NH$_2$ (**27**).

Obwohl die Bildung von Iminen durch schwache Säuren katalysiert wird, wird sie bei niedrigen pH-Werten mit steigender Säurekonzentration verlangsamt. Bei einem pH von 3 ist die Stickstoffbase im hohen Masse protoniert, so dass die Konzentration der freien Aminofunktion sehr niedrig ist, was die Reaktion mit dem Aldehyd stark verlangsamt. Somit zeigt die Reaktion zwischen einer Aminooxyfunktion und einem Aldehyd eine schnelle Umsetzung und unter den oben erwähnten Konditionen eine hohe Chemoselektivität.

3.4.3. Optimierung der Darstellung von *para*-Fluorobenzylidenoxim-acetyl-[Thi^8,Met(O$_2$)^{11}]-Substanz P (30)

Um optimale Bedingungen für die Reaktion zwischen Aminooxyacetyl-[Thi^8,Met(O$_2$)^{11}]-Substanz P (**29**) und *para*-Fluorbenzaldehyd zu finden, wurden unterschiedliche Reaktionsparameter wie die Temperatur, das Puffersystem (Acetat- oder Zitratpuffer) und der pH-Wert des Puffers studiert.

Um die Reaktionen zwischen *para*-^{211}At-Benzaldehyd und Aminooxyacetyl-[Thi^8,Met(O$_2$)^{11}]-Substanz P (**30**) zu simulieren, wurde **29** in sehr verdünnten Lösung vorgelegt, wobei die Stoffmengen der Proben für die HPLC-Messungen noch detektierbar waren.

Nach festgelegten Zeiten, und zwar bis zu 2 h und nach 24 h, wurden von der Reaktionslösung Proben entnommen, welche mittels HPLC analysiert wurden. Nach 1d wurde die Reaktionslösung mittels ESI-MS und LC-MS gemessen.

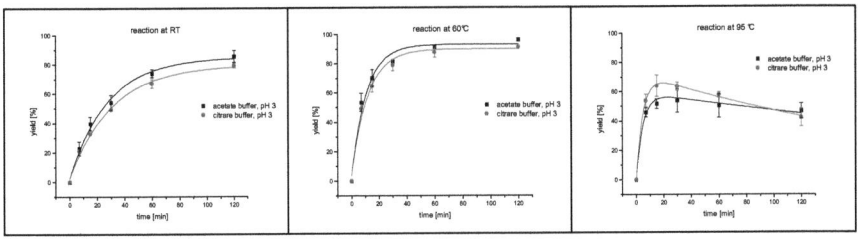

Abbildung 62: Reaktion zwischen *para*-Fluorbenzaldehyd und **29** (c = 167 µM) bei pH 3 und unterschiedlichen Temperaturen (RT, 60 °C und 95 °C) (n = 2).

In Acetat- oder Zitratpuffer wurde bei RT nach 2 h eine Produktausbeute an *para*-Fluorobenzylidenoxim-acetyl-[Thi^8,Met(O$_2$)^{11}]-Substanz P (*p*Fboa-[Thi^8,Met(O$_2$)^{11}]-Substanz P) von < 84% erreicht. Durch eine Erhöhung auf 95°C wurde bereits nach 7 min eine Ausbeute > 45% festgestellt, was jedoch nach 30 min bei gleichzeitiger Zersetzung des Produktes zu einer Verminderung der Produktausbeute führte. Ideale Verhältnisse wurden bei einer Reaktionstemperatur von 60°C gefunden, die nach 15 min zu einer Produktausbeute von >65% führte. Ein Plateau wurde nach 2h bei einer Ausbeute von >91% erreicht und ein Abbau des Produktes wurde auch nach 24 h nicht beobachtet. Eine leicht bessere Produktausbeute erhielt man im Acetatpuffersystem (Abbildung 62).

Zuletzt wurde die Reaktion unter unterschiedlichen pH-Konditionen bei 2.5, 3, 3.5 und 4 verglichen (Abbildung 63).

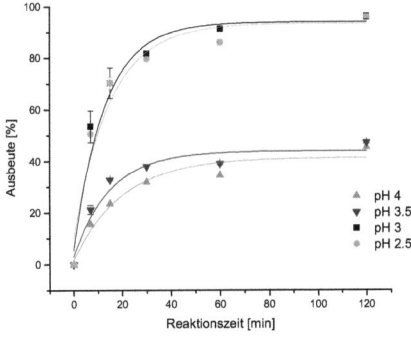

Abbildung 63: Reaktion zwischen *para*-Fluorbenzaldehyd und **29** (c = 167 µM) bei 60°C und unter unterschiedlichen pH-Bedingungen (Acetatpuffer: 2.5, 3, 3.5, 4). Die Messungen bei pH 3 und 3.5 wurden zweimal durchgeführt.

Eine Begünstigung der Reaktion wurde bei pH ≤ 3 beobachtet. Bei einem pH ≥ 3.5 wurde mittels HPLC eine erhöhte Bildung des Nebenprodukts festgestellt, was zu einer Ausbeute des gewünschten Produktes pFboa-[Thi^8,Met(O$_2$)^{11}]-Substanz P von ca. 40% führte. Mittels LC-MS wurden die Nebenprodukte als die bereits erwähnten Oxim-Derivate (Abbildung 58) identifiziert. Es wurde somit bei pH ≥ 3.5 eine beschleunigte Nebenproduktentwicklung beobachtet, was diesen signifikanten Sprung der Produktbildung zwischen pH 3 und 3.5 erklären würde.

Optimale Reaktionsbedingungen für die Herstellung von **30** wurden bei einer Temperatur von 60°C in 0.1 M Acetat- bzw. Zitratpuffer und einem pH-Wert von 3 gefunden. Obwohl Essigsäure/Acetat nicht geeignet ist für die Pufferung von Reaktionen bei pH < 4, sieht die Reaktionskinetik in dem Puffer sogar etwas besser aus als jene im Zitratpuffer. Der pH-Wert des Acetatpuffers blieb nach der Umsetzung des Edukts bei 3.

Diese Bedingungen zeigen eine schnelle Reaktion mit einer hohen Produktausbeute. Dabei ist die gebildete pFboa-[Thi^8,Met(O$_2$)^{11}]-Substanz P über 24 h in der Pufferlösung stabil und weist eine hohe Chemoselektivität auf.
Anzumerken ist, dass die hohe Reaktivität der Aminooxygruppe nicht nur Vorteile, sondern auch Nachteile mit sich bringt. Nach der chromatographischen Reinigung einer Aminooxy-funktionalisierten Verbindung wurden während der Evaporation des Lösungsmittel bzw. des Lyophilisierens ungewünschte Reaktionen mit Aldehyden, die in der Umgebung vertreten waren, festgestellt. Die Reinheit der hergestellten Aminooxy-funktionalisierten Verbindungen von > 96% verminderte sich dadurch auf ca. 85%. Die hohe Reaktivität der Aminooxy-Gruppe fördert somit nicht nur die schnelle Umsetzung der Ausgangsmaterialien zum Produkt, sondern erschwert nach der Herstellung der aminooxy-funktionalisierten Verbindung durch ungewünschte Reaktionen die Beibehaltung des Reinheitsgrads.

Mit Ausnahme des Reinheitsverlustes der aminooxy-funktionalisierten Verbindung, verspricht die Reaktion zu Oxim-Derivaten eine kinetisch schnelle Produktbildung, hohe Ausbeuten und eine hohe Stabilität.

4. Experimenteller Teil

4.1. Reagenzien

Alle käuflichen Reagenzien wurden ohne weitere Reinigung eingesetzt. Falls nicht speziell erwähnt, wurden die Reagenzien bei der Firma *Fluka AG* (Buchs, Schweiz) erworben. Rink-Amid MBHA Harz (durchschnittliche Belegung 0.66 mmol/g), Rink Acid Harz (durchschnittliche Belegung 0.60 mmol/g), HATU und konventionelle Aminosäuren (inklusive den Spacer: Fmoc-dPEG$_{12}$-OH) wurden bei *Novabiochem* (Läufelfingen, Schweiz) gekauft. Die Spacer Fmoc-dPEG$_2$-OH, Fmoc-dPEG$_4$-OH, Fmoc-dPEG$_6$-OH, Fmoc-ahx-OH, Fmoc-4-abz-OH stammen von der Firma *NeoMPS* (Strassburg, Frankreich) und Fmoc-dPEG$_{24}$-OH von *Quanta BioDesign* (Powell, Ohio, USA). Die Chelatoren DOTA(tBu)$_3$ und C-Carbonsäure-Cyclam wurden von der Firma *Chematech* (Dijon, Frankreich) gekauft. Die Lösungsmittel für die HPLC sowie für die Peptidsynthese: Acetonitril, DMF, NMP, PE und DCM sind von *Acros Organics* (*Chemie Brunschwig*, Basel, Schweiz). Das am Rink Amid MBHA Harz belegte [Thi^8,Met(O$_2$)^{11}]-Substanz P Derivat wurde von *Stephan Good* synthetisiert.

Zellkulturmedium (DMEM) und Zusätze (Stable Glutamin, Penicillin/Streptomycin, FCS) stammen von *PAA Laboratories GmbH*, (Cölbe, Deutschland) und *Amimed Bioconcept* (Allschwil, Schweiz). Die Human caucasian prostate PC-3 Zelllinie wurde bei *Health Protection Agency* (ECACC, Salisbury, UK) besorgt. Physiologische NaCl-Lösung (0.9%, steril pyrogenfrei, *Braun*) und 96% V/V Ethanol (*Bichsel*) wurde vom Universitätsspital Basel zur Verfügung gestellt.

Die Radioisotope ^{67}GaCl$_3$ (gelöst in 0.8 N HCl), ^{111}InCl$_3$ (trägerfrei, in 0.05 M HCl) und ^{99m}Tc (eluiert, mit 0.9% NaCl aus einem ^{99}Mo/^{99m}Tc-Generator) stammen von *Mallinckrodt Medical Inc.* (Petten, Niederlande), ^{177}LuCl$_3$ (gelöst in 0.05 M HCl, ultrarein) von *NRG* (Petten, Niederlande) und von *Perkin Elmer Life Science* (Boston, USA).

Das verwendete Wasser (ultrarein) stammt aus der Reinigungsanlage Milli-Q RG-System von der Firma *Millipore AG* (Volketswil, Schweiz).

4.2. Geräte

Zum Trocknen am Hochvakuum diente eine Ölpumpe der Firma *Pfeiffer Vacuum* (Asslar, Deutschland). Für die Kühlfalle wurde eine Suspension aus Trockeneis und Ethanol (96%) verwendet.

Für Wägungen diente die Waage Mettler AE163 der Firma *Mettler-Toledo GmbH* (Greifensee, Schweiz). Die pH-Einstellungen wurden am pH-Meter PHM210 *Meter Lab* (Kopenhagen, Dänemark) vorgenommen.

Tischzentrifuge: Labor-Zentrifuge Multifuge 3SR+ der Firma *ThermoFisher* (Carouge, Schweiz)

Peptidsynthesizer: Semiautomatischer Synthesizer der Firma *Rink Combichem* (Bubendorf, Schweiz).

Zentrifugalverdampfer: Jouan RC10-22 der Firma *Instrumente Gesellschaft* (Zürich, Schweiz).

Lyophilisator: Christ Alpha Lyophilisator von *BioBloc* (Illkirch, Frankreich).

Festphasenextraktion: SepPak-Kartuschen (SepPak-C_{18}) wurden bei *Waters* (Rupperswil, Schweiz) erworben.

Circulardichroismus: Chirascan Spektropolarimeter der Firma *Applied BioPhysics* (Leatherhead, UK)

Mikrowellengerät: INITIATOR der Firma *Biotage AB* (Uppsala, Schweden).

Phosphorimager: Phospor System Cyclone Plus der Firma *Perkin-Elmer* (Rodgau-Jüdesheim, Deutschland).

Quantitativer γ-counter: NaI(Tl)-Bohrlochcounter COBRA II, D5003 γ-system well counter von *Canberra Packard* (Melbourne, Australien).

UV/Vis-Spektroskopie: Lambda 2 UV/Vis-Spektrophotometer von *Perkin-Elmer* (Rodgau-Jüdesheim, Deutschland).

Dünnschichtchromatographie zur Qualitätskontrolle: Reaktionskontrolle wurde auf Fertigplatten (Kunststoffträger, Schichtdicke 0.25 cm) mit Aluminiumoxid IB-F der Firma *J.T.Baker* (Phillisburg, USA) durchgeführt. Als mobile Phase wurde eine Lösung aus 0.1 M NH_4OAc / MeOH 1:1 verwendet. Die TLC-Radioanalytik wurde mit dem Phosphorimager durchgeführt.

Electrospray Ionisation Massenspektroskopie (ESI-MS): PHIL507: Waters ZMD (Micromass) mit HP1100 Quat. (Agilent) LC Pumpe oder GINA88: MSD 1100 SL (Agilent

Technologies) mit einer Agilent 1100 Binär LC Pumpe. Das Gerät befindet sich in der Firma *Novartis*.

HPLC-System I (analytisch): *Hewlett Packard* 1050 HPLC System mit quaternärer Pumpe, Dioden Array Detektor und einem Durchfluss-γ-Detektor LB506 von *Berthold* (Bad Wildbad, Deutschland).

HPLC-System II (analytisch und präparativ): *Metrohm/Bischoff* HPLC-System mit Interface LC-CaDI 22-14, Pumpen-Einheit 2250, UV-Detektor LAMBDA 1010 (*Bischoff*, Leonberg, Deutschland) sowie ein Durchfluss-γ-Detektor LB509 von *Berthold* (Bad Wildbad, Deutschland).

HPLC-Säulen:
Analytische Säulen:
S1: *Macherey Nagel,* CC250/4 Nucleosil 120-3 C_{18} (Oensingen, Schweiz)
S2: Chromolith Performance RP-18e, 4.6 x 100 mm *Merck* (Darmstadt, Deutschland)
Präperative Säulen:
S3: *Macherey Nagel,* VP250/21 Nucleosil 100-5 C_{18} (Oensingen, Schweiz)
S4: *Interchrom* UP50DB/25DEP 10041 Uptisphere, 21 x 250 mm (Montluçon, Frankreich)
S5: Chromolith Performance RP-18e, 10 x 100 mm *Merck* (Darmstadt, Deutschland)

4.2.1. HPLC-Gradientensysteme

Als mobile Phasen Komponenten wurden verwendet: A = Acetonitril; B = 0.1 % TFA in Wasser

Analytische Gradienten:

G1: Fluss 0.75 ml/min; 0 min – 95% B, 20 min – 50% B, 21 min – 0% B, 24 min – 0% B, 26 min – 95% B; $\lambda = 214$ nm bzw. 280 nm

G2: Fluss 0.75 ml/min; 0 min – 80% B, 30 min – 65% B, 31 min – 0% B, 34 min – 0% B, 36 min – 80% B; $\lambda = 214$ nm bzw. 280 nm

G3: Fluss 2.5 ml/min; 0 min – 95% B, 1 min – 95% B, 5 min – 60% B, 5.5 min – 0% B, 6.5 min – 0% B, 7 min – 95% B; $\lambda = 214$ nm bzw. 280 nm

G4: Fluss 3.5 ml/min; 0 min – 95% B, 1.5 min – 95% B, 7 min – 80% B, 8 min – 50% B, 8.5 min – 0% B, 9.5 min – 0% B, 10 min – 95% B; $\lambda = 214$ nm bzw. 280 nm

G5: Fluss 3.5 ml/min; 0 min – 85% B, 5 min – 70% B, 6 min – 0% B, 6.5 min – 0% B, 7 min – 85% B; $\lambda = 214$ nm bzw. 280 nm

G6: Fluss 3.5 ml/min; 0 min – 95% B, 1.5 min – 95% B, 2 min – 0% B, 3 min – 0% B, 4 min – 95% B

Präparative Gradienten:

G7: Fluss 15 ml/min; 0 min – 80% B, 20 min – 60% B, 21 min – 0% B, 25 min – 0% B, 26 min – 80% B; $\lambda = 214$ nm

G8: Fluss 10 ml/min; 0 min – 85% B, 5 min – 75% B, 6 min – 0% B, 7 min – 0% B, 8 min – 85% B; $\lambda = 214$ nm

G9: Fluss 10 ml/min; 0 min – 95% B, 3 min – 95% B, 4 min – 0% B, 5 min – 0% B, 6 min – 95% B; $\lambda = 214$ nm

4.3. Allgemeine Arbeitsvorschriften

4.3.1. AAV 1: Peptidsynthese mittels semi-automatischem Synthesizer

In der Festphasen Peptidsynthese werden sequentiell Aminosäuren unter Bildung von Säureamidgruppen zu einem Peptid an einem Träger, einem sogenannten Harz, gekoppelt.

Die Peptide wurden mit Hilfe des semi-automatischen Synthesizers nach der Solid Phase Peptide Synthesis (SPPS) Methode und der Fmoc-Schutzgruppenstrategie hergestellt. Ein Syntheseprogramm (Tabelle 29) für die Peptidsynthese wurde dafür erstellt und angewendet.

Schritt	Reagenzien	Wiederholungen	Zeit [min]
1	DMF	2	5
2[#]	20% Piperidin in DMF	3	2
3[#]	20% Piperidin in DMF	1	8
4[#]	DMF	3	0.5
5	isopropanol	2	0.5
6	NMP	1	1
7	Aminosäure	1	60
8	DMF	1	1
9	isopropanol	3	2

[#] Lösungen werden gesammelt für Fmoc-Wert Bestimmung mittels UV/Vis-Spektrometer

Tabelle 29: Syntheseprogramm für den Semiautomatischen-Peptidsynthesizer.

Das Harz wurde in einem Synthesereaktor vorgelegt. Nach Quellen des Harzes wurde zur Entfernung der Fmoc-Schutzgruppe eine Lösung aus 20% Piperidin in DMF verwendet. Die Lösungen aus Schritt 2 und 3 wurden zur Quantifizierung der Fmoc-Schutzgruppen in einem 500 ml Messkolben gesammelt und bis zur Marke mit 96 %iger Ethanol aufgefüllt. Zur Verdünnung wurden 2 ml davon in einen 25 ml Messkolben pipettiert und erneut mit 96 %iger Ethanol bis zur Marke aufgefüllt. Die Absorption der entsprechenden Lösung wurde mittels UV/Vis Spektroskopie gemessen und die Fmoc-Konzentration mit Hilfe des molaren Extinktionskoeffizienten von Dibenzofulven (ε_{300nm} = 7800 l·mol^{-1}·cm^{-1}) und dem Gesetz von *Lambert-Beer* (A = c·l·ε_{300nm}) ermittelt. Mit dieser Methode wurde die Kopplungsausbeute abgeschätzt.

Für die Kopplung wurden, bezogen auf die Harzmenge, 3 eq der Fmoc-geschützten Aminosäure, 3.3 eq HOBt und 3.3 eq DIC in 6 ml NMP in einem 15 ml Falcon gelöst und für 15 min bei RT am „Schüttler" inkubiert. Anschliessend wurden 5 eq DIPEA zur aktivierten

Lösung gegeben und unmittelbar der Festphase beigefügt. Falls der pH-Wert der Reaktionslösung < 6 war, wurde dieser durch Zugabe von DIPEA erneut auf ca. 8 eingestellt. Die Kondensationsreaktion dauerte durchschnittlich 60 min. Zur Kontrolle auf vollständige Aminosäurekopplung wurde ein Kaiser-Test durchgeführt. Falls der Kaiser-Test zu 10% positiv ausgefallen war, wurde eine erneute Kopplung vorgenommen.

Liste der eingesetzten mit Fmoc geschützten Aminosäuren mit den jeweiligen Seitenketten Schutzgruppen: Fmoc-Met-OH, Fmoc-Leu-OH, Fmoc-His(Trt)-OH, Fmoc-Gly-OH, Fmoc-β-ala-OH, Fmoc-Val-OH, Fmoc-Ala-OH, Fmoc-Trp(Boc)-OH, Fmoc-Gln-OH.

Falls eine Peptidsynthese an der Festphase unterbrochen wurde und die belegte Harzmenge gesplittet werden musste, wurde die Belegungsdichte des Harzes durch Gravimetrie bestimmen. Das Harz wurde über eine Fritte mit 2 x Isopropanol und 3 x DCM gewaschen und im Hausvakuum getrocknet. Anschliessend wurde die Belegungsdichte b nach *Gleichung 3* berechnet:

$$b = \frac{m_2 - m_1}{MW} \cdot \frac{1}{m_2} \qquad \textit{Gleichung 3}$$

m_1 = Einwaage des unbeladenen Harzes in g
m_2 = Auswaage des beladenen Harzes in g
MW = Molekulargewicht des an die Festphase assoziierten Peptides

4.3.2. AAV 2: Belegung von Rink Acid Harz

4 mmol Fmoc geschützte Aminosäure (4 eq) wurden in einem 50 ml Falcon vorgelegt. Der Festkörper wurde in 12 ml Dichlorethan suspendiert, mit 5 ml NMP in Lösung überführt und zu 1 mmol Rink Acid Harz (1 eq) in den Synthesizerreaktor gegeben. Nacheinander wurden 4.2 mmol DCCI (4.2 eq, suspendiert in 2ml Dichlorethan), 0.2 mmol DMAP (0.2 eq suspendiert in 1 ml Dichlorethan) und 110 µl N-Methyl-Morpholin (4 mmol, 1 eq) zum Harz gegeben. Die Suspension wurde 5 h bei RT inkubiert.

4.3.3. AAV 3: Belegung von Rink-Amid MBHA Harz

Zur Entfernung der Fmoc-geschützten Linkerkomponente des Rink-Amid MBHA Harzes wurde das Harz nach zehnminütigem Quellen in DMF gemäss Peptidsynthesizerprogramm (**AAV1**) einer Fmoc Abspaltung unterzogen.

4.3.4. AAV 4: Kaiser Test (Reaktionskontrolle)

Um die Kondensationsreaktion qualitativ zu kontrollieren, wurden folgende Reagenzlösungen hergestellt und eingesetzt:

Lösung A: 1.0 g Ninhydrin wurden in 20 ml Ethanol gelöst.

Lösung B: 0.5 ml 0.01 M KCN-Lösung und 25 ml Pyridin wurden zu einer Lösung aus 10 g Phenol in 2.5 ml Ethanol beigegeben.

Eine Spatelspitze Harz wurde aus dem Reaktor entnommen und in ein 1.7 ml Eppendorftube transferiert. Die Harzkugeln wurden viermal mit Isopropanol gewaschen und mit jeweils 50 µl der Lösung A und der Lösung B versetzt. Die Suspension wurde für 5 - 10 min bei 95 °C im Heizblock erwärmt.

Der Test war negativ ausgefallen, wenn die Lösung gelb und die Kugeln weiss geblieben sind. Ist eine blauviolette Verfärbung (Ruhemanns Purpur) sowohl bei Lösung wie auch bei den Harzkugeln aufgetreten, war das ein Hinweis auf das Vorhandensein freier primären Aminogruppen (> 5 – 10 µmol *prim.* Amine / g Harz). Waren nur die Harzkugeln leicht blauviolette gefärbt, sind nur noch ca. 1 – 2 µmol *prim.* Amine / g Harz frei.

4.3.5. AAV 5: Kopplung einer Fmoc geschützten Aminosäure bzw. des Chelators DOTA(*t*Bu)$_3$ mit HATU an der Festphase

Die Kondensationsreaktion einer Fmoc geschützten Aminosäure bzw. des Chelators DOTA(*t*Bu)$_3$ wurde in einem Kunststoffreaktor (Spritze mit eingebauter Fritte) durchgeführt. Die einzelnen Schritte des Peptidsynthesizerprogramm (**AAV1**) wurden manuell vollzogen. Etwa 50 mg Peptid belegtes Harz (Belegungsdichte ca. 0.32 µmol/g, entspricht 16 µmol, 1 eq) wurden in einem 2 ml Kunststoffreaktor quellen gelassen. In einem 1.7 ml Eppendorfgefäss (prelubricated) wurden 3 eq Aminosäure und 2.9 eq HATU in 500 µl NMP gelöst. Nach einer Inkubationszeit von 5 min bei RT wurden 6 eq DIPEA zur aktivierten Lösung gegeben, wobei in der Regel eine gelb Verfärbung beobachtet wurde, und dem Harz zugefügt. Nach weiteren 10 min wurde der pH der Lösung kontrolliert und falls notwendig mittels DIPEA auf pH 7 - 8 eingestellt. Das Reaktionsgemisch wurde für 2 - 16 h bei RT geschwenkt oder falls notwendig bei 60 °C im Trockenschrank inkubiert (DOTA(tBu)$_3$ bei der AMBA Synthese). Mit Hilfe des Kaiser Tests (**AAV 4**) wurde die Reaktion kontrolliert.

Liste der eingesetzten mit Fmoc geschützten Aminosäuren nach dieser Methode: Fmoc-ahx-OH, Fmoc-dPEG$_2$-OH, Fmoc-dPEG$_4$-OH, Fmoc-dPEG$_6$-OH, Fmoc-dPEG$_{12}$-OH, Fmoc-dPEG$_{24}$-OH, Fmoc-4-abz-OH, Fmoc-Gly-OH

4.3.6. AAV 6: Abspaltung und Entschützung eines Peptides von der Festphase

Zur simultanen Abspaltung des synthetisierten Peptides vom Harz sowie der Entfernung der Schutzgruppen der Aminosäuren und des DOTA-Chelators wurde das am HV getrocknete Harz in einen 5 ml Kunststoffreaktor mit 1.5 ml Abspaltungslösung (TFA/Thioanisol/H$_2$O/TIS 94:3:2:1) versetzt. Nach 4 h wurde die Abspaltlösung in 50 ml vorgekühlte (4 °C) 1:1 PE/DIPE Etherlösung langsam zugegeben, wobei ein gefärbter Festkörper ausfällt. Das Harz wurde nochmals 30 min mit 1 ml Abspaltlösung behandelt und zweimal mit 0.5 ml TFE gewaschen. Die Lösungen wurden erneut in die 4 °C vorgekühlte Etherlösung zugegeben. Die entstandene Suspension wurde 5 min zentrifugiert (3000 g) und der Überstand danach abdekantiert. Der Rückstand wurde 1 h am HV getrocknet und anschliessend mittels präparativer HPLC gereinigt (**S3,S4,G7**).
Alle Peptide, die nicht DOTA(tBu)$_3$ konjugiert waren, wurden nur 2 h in der Abspaltlösung inkubiert.
Nach der Reinigung und der Konzentrationsbestimmung (**AAV 7, AAV8**) wurden die Peptide aus Wasser lyophilisiert.

4.3.7. AAV 7: Bestimmung der Peptidkonzentration mittels UV/Vis-Spektroskopie

Ca. 1 mg lyophilisiertes Peptid wurden in ein 1.7 ml Eppendorfgefäss (prelubricated) vorgelegt und in 1 ml H$_2$O gelöst. Aus dieser Stammlösung wurden 25 µl in 500 µl 0.1 M Essigsäure pipettiert und die Absorption mittels UV/Vis Spektroskopie gemessen. Die Konzentration des Peptides wurde mit Hilfe der molaren Extinktionskoeffizienten von Tryptophan (ε_{280nm} = 5600 l·mol^{-1}·cm^{-1}) und Aminobenzyl (ε_{280nm} ca 20'000 l·mol^{-1}·cm^{-1}) und dem Gesetz von *Lambert-Beer* (A = c·l·ε_{28nm}) ermittelt. Die Messung wurde wiederholt, wobei beim zweiten Mal eine Lösung aus 50 µl der Stammlösung und 500 µl 0.1 M Essigsäure gemessen wurde. Aus den 2 resultierenden Konzentrationen wurde der Mittelwert gezogen.

4.3.8. AAV 8: Bestimmung der Peptidkonzentration mittels getracerter ^{nat}Lu-Lösung

Um diese Bestimmungsmethode durchführen zu können, wurde die hergestellte Lutetium-Lösung volumetrisch analysiert: 5.8 mg $LuCl_3·6H_2O$ (*Acros* organics) werden in 50 ml H_2O (ca 300 µM) gelöst. Die Lösung wurde unter Verwendung einer kommerziellen EDTA-Lösung (Triplex-III-Lösung *Merck*) titriert. 400 µl dieser Lösung wurden mit 20 µl vom $^{177}LuCl_3$-Vorrat in ein 1.7 ml prelubricated Eppendorfgefäss vermischt. Mit Hilfe des mitgelieferten Kalibrierscheins liess sich die exakte $^{nat/177}$Lu Stoffmenge in der 420 µl Stammlösung kalkulieren.

Es wurde eine Stammlösung aus ca 1 mg Chelator-Peptid Conjugat und 1 ml H_2O hergestellt. Ein Aliquot von 10 nmol des Peptides wurde in ein 1.7 ml prelubricated Eppendorfgefäss vorgelegt. 300 µl 0.4 M Natriumacetatpuffer (pH 5), 70 µl der getracerten Lutetium-Lösung wurden zugegeben und 30 min bei 95 °C im Heizblock inkubiert. 25 µl der Markierlösung wurden in 50 µl 0.1 M Ca-DTPA-Lösung verdünnt und mit der analytischen HPLC (**G6,S3**) die Radiochemische Ausbeute bestimmt. Anhand des resultierenden Chromatogramms liess sich aus dem Verhältnis der integrierten Peakflächen zwischen ^{177}Lu-DTPA und ^{177}Lu–Chelator-Peptid Conjugat die Stoffmenge des eingesetzten Peptid-Aliquots ausrechnen. Dies wiederum gab Aufschluss auf die exakte Konzentration der ursprünglichen Peptid-Stammlösung.

4.3.9. AAV 9: Bildung eines Metallkomplexes (nicht radioaktiv)

Für Bindungsaffinitäts- und Circulardichroismus-Studien wurden ca. 3 mg lyophilisiertes Peptid (1 eq) in einem 1.7 ml Eppendorfgefäss (prelubricated) in 0.4 M Natriumacetatpuffer (pH 5) gelöst. Anschliessend wurden 5 eq eines Metallsalzes ($^{nat}GaCl_3$, $^{nat}LuCl_3$) zugegeben und für 60 min bei 95 °C inkubiert. Nach dem Abkühlen wurde das Reaktionsgemisch auf eine vorkonditionierte SepPak C_{18} Kartusche (10 ml MeOH, 20 ml H_2O) aufgetragen, das überschüssige Metall bzw. Natriumacetat mit 10 ml Wasser entfernt und das komplexierte

Chelator-Peptid Konjugat mit 10 ml MeOH eluiert. Das LM wurde mittels eines Zentrifugalverdampfers evaporiert und der Rückstand in 2 ml H_2O suspendiert. Das heterogene Gemisch wurde für 20 s im Ultraschallbad behandelt. Der nicht-radioaktive Metallkomplex wurde danach über einen Membranfilter filtriert und mittels HPLC (**S1; G2,G3**) und ESI-MS analysiert. Die Ausbeute des Metallkomplexes wurde spektroskopisch (**AAV 2**) ermittelt.

4.3.10. AAV 10: ^{177}Lu/^{67}Ga-Markierung mittels Heizblock

Zu einem Aliquot (1 eq, 5 µg Peptid in 1.7 ml prelubricated Eppendorfgefäss) wurden 20 µl frisch hergestellte Methionin-Lösung (20 mg/ml) und 300 µl 0.4 M Natriumacetatpuffer (pH-Wert 5) gegeben und mit 1 – 5 mCi radioaktivem Metallsalz (^{67}GaCl$_3$, ^{177}LuCl$_3$) versetzt. Die Lösung wurde für 25 min bei 95 °C im Heizblock inkubiert und danach 5 min abgekühlt. Zur Überprüfung der radiochemischen Reinheit wurden 5 µl Markierlösung in 50 µl Ca-DTPA-Lösung verdünnt und mittels HPLC (**S1 / G1, S2 / G6**) analysiert.

Für Internalisierungs und Externalisierungsexperimente wurde im Falle der ^{177}Lu-Markierung das Peptide nach der radioaktiven Markierung noch zusätzlich mit 1 eq des entsprechenden stabilen Metallsalzes versetzt und nochmals 15 min bei 95 °C im Heizblock erwärmt. Kurz vor Beginn des Experiments wurde die Markierlösung mit physiologischer NaCl-Lösung auf eine Konzentration von 0.25 pmol/150µl verdünnt.

4.3.11. AAV 11: ^{111}In-Markierung mittels Mikrowelle

In ein mit HCl vorbehandeltes Mikrowellengefäss wurden 10 µl DOTA-ahx-BN(7-14) (1 eq, 10 µg), 20 µl frisch hergestellte Methionin-Lösung (20 mg/ml) und 400 µl 0.4 M Natriumacetatpuffer (pH 5) gegeben und mit 1 mCi ^{111}InCl$_3$-Lösung versetzt. Das konische Mikrowellengefäss wurde mit einem Septum und Aluminiumverschluss verschlossen, in die Mikrowelle gesetzt und für 5 min bei 95 °C inkubiert. Für die Überprüfung der radiochemischen Reinheit wurden 5 µl Markierlösung in 50 µl Ca-DTPA-Lösung verdünnt und mittels HPLC (**S2 / G3, G6**) analysiert.

Für Internalisierungs und Externalisierungsexperimente wurde DOTA-ahx-BN(7-14) nach der radioaktiven Markierung noch mit 1 eq ^{nat}InCl$_3$-Lösung markiert und nochmals 10 min bei 95

°C in der Mikrowelle inkubiert. Kurz vor Beginn des Experiments wurde die Markierlösung mit physiologischer NaCl-Lösung auf eine Konzentration von 0.25 pmol/150µl verdünnt.

4.3.12. AAV 12: ^{99m}Tc-Markierung mittels Heizblock

Für die ^{99m}Tc-Markierungen wurde eine Zinn(II)chlorid-Lösung unter inerter Atmosphäre hergestellt. Ca. 4 mg Sn(II)Cl$_2$·6H$_2$O wurden in einem mit Argon gespülten Eppendorfgefäss abgewägt. Die Kristalle wurden in 1 ml Ethanol (> 99%, pure) gelöst (vortex). Zu einem Aliquot (1.7 ml prelubricated Eppendorfgefäss) aus 20 µg Cyclam-ahx-BN(7-14) wurden 50 µl 0.1 M Phosphatbuffer (pH 11, Sauerstoff des Puffer-Wassers wurde durch Einlass des Argon-Gases bei 80 °C verdrängt) gegeben und für 20 s ins Ultraschallbad gehalten. Anschliessend wurde die Peptidlösung mit 200 MBq ^{99m}TcO$_4^-$ Lösung und dann mit 20 µg Sn(II)Cl$_2$·6H$_2$O versetzt. Die Markierlösung wurde bei 95 °C im Heizblock 15 min inkubiert. Für die Überprüfung der radiochemischen Reinheit wurden 5 µl Markierlösung in 200 µl Ca-DTPA-Lösung verdünnt und mittels HPLC (S2 / G3, G6) und Phosphorimager analysiert (ITLC).

4.4. Synthesen

4.4.1. Cyclam-ahx-BN(7-14) (24)

Die Peptidsequenz Fmoc-ahx-BN(7-14) wurde nach **AAV1** an Rink Amid MBHA Festphase synthetisiert. Die Kondensationsreaktion des Chelators Cyclam-COOH erfolgte in einem Kunststoffreaktor. Die einzelnen Schritte des Peptidsyntheseprogramms von dem Synthesizer (**AAV1**) wurden manuell vollzogen. Ca. 75 mg trockenes Harz (Belegungsdichte ca. 0.31 µmol/g, entspricht 23 µmol, 1 eq) wurden in einem 5 ml Kunststoffreaktor mit 3 ml DMF 10 min aufgequellt. Nach der Entfernung der Fmoc-Schutzgruppe (**AAV1**) wurde die Festphase dreimal mit Isopropanol gewaschen, am Hausvakuum getrocknet und in ein Mikrowellengefäss transferiert. In einem 1.7 ml prelubricated Eppendorfgefäss wurden 29.5 mg Chelator (3 eq, 75.6 µmol) und 11.5 mg HOBt (3.3 eq, 85.1 µmol) vorgelegt und in 800 ul DMF und 13.3 µl DIC (3.3 eq, 88.2 µmol) zur Suspension gebracht. Im Ultraschallbad wurde der Festkörper der Suspension für 15 s zerkleinert. Die Suspension wurde während 45 min am Schüttler inkubiert, durch Zugabe von 25.9 µl DIPEA (5 eq, 151 µmol) in Lösung (noch leicht trüb) überführt (pH 7) und dem Harz zugefügt. Das Reaktionsgemisch wird im Trockenschrank bei 60 °C inkubiert. Nach 2 h wurde der pH erneut durch DIPEA-Zugabe auf 8 eingestellt. Nach 14 h wurde eine Probeabspaltung durchgeführt und nach 3 d die Festphase aufgearbeitet. Das Harz-**24** wurde mit DMF, *iso*-Propanol und anschliessend mit DCM dreimal gewaschen. Nach dem Trocknen wurde das Harz nach **AAV4** (nur 2 h inkubiert) behandelt. Das Rohprodukt wurde mittels präparativen HPLC gereinigt (**S3,G7**) und per analytischen HPLC, ESI-MS und LC-MS analysiert. Die Bestimmung der Peptidkonzentration erfolgte gemäss **AAV7**. Nach dem Lyophilisieren wurden 5.7 mg **24** als weisses Pulver (4.5 µmol) erhalten. Ausbeute nach **AAV7** = 19.6%.

ESI-MS: 640.0 ([M+2H]$^{2+}$, 100%), 651.4 ([M+Na+H]$^{2+}$, 21%), 1280.0 ([M+H]$^{+}$).

LC-MS: R_t = 1.44'; 427.5 ([M+3H]$^{3+}$, 46%), 640.1 ([M+2H]$^{2+}$, 100%), 1278.6 ([M+H]$^{+}$, 20%).

4.4.2. DOTA-Gly-AMBA-BN(7-14) (25)

Die Peptidsequenz Fmoc-AMBA-BN(7-14) wurde gemäss **AAV1** an Rink Amid MBHA Festphase synthetisiert. Die einzelnen Schritte des Peptidsyntheseprogramms des Synthesizers (**AAV1**) wurden manuell vollzogen. 126 mg Harz (Belegungsdichte ca. 0.38 µmol/g, entsprechend 49.3 µmol, 1 eq) wurden in einem 5 ml Kunststoffreaktor (Spritze mit eingebauter Fritte) vorgelegt. Nach fünfminütigen Quellen des Harzes in 3 ml DMF wurde die Fmoc-Schutzgruppe (**AAV1**) entfernt. 52.8 mg Fmoc-Gly-OH (ca 3 eq, 177 µmol) wurden mit 64 mg HATU (ca 2.9 eq, 168µmol) in einem 1.7 ml Eppendorfgefäss (prelubricated) vorgelegt und in 1 ml NMP gelöst. Nach 5 min bei RT wurde die aktivierte Lösung mit 50.1 µl DIPEA (6 eq, 296 µmol) versetzt (gelbe Verfärbung) und dem Harz zugegeben. Während der Kondensationsreaktion wurde der pH-Wert kontrolliert und falls notwendig, durch Zugabe von DIPEA auf pH 7 gestellt. Nach 4 h wurde ein Kaiser Test (**AAV4**) durchgeführt, der negativ ausgefallen war. Die Reaktionslösung wurde ausgestossen, das Harz mit DMF und Isopropanol gut gewaschen. Die Festphase wurde in DMF quellen gelassen und die Fmoc-Schutzgruppe gemäss **AAV1** entfernt. Eine Lösung bestehend aus 88.6 mg DOTA(tBu)$_3$ (3 eq, 155 µmol), 63.1 mg HATU (2.9 eq, 166 µmol) und 1 ml NMP wurde für 5 min bei RT inkubiert und nach Zugabe von 42 µl DIPEA (6 eq, 246 µmol) zum Harz gegeben. Nach 1 h wird der pH-Wert kontrolliert und durch Zugabe von DIPEA auf 7 gestellt. Die Suspension wurde über Nacht bei 60 °C in einen Trockenschrank gestellt. Nach ca. 15 h wurde der Kaiser-Test (**AAV4**) durchgeführt, der zu 10 % positiv ausgefallen war. Die Festphase wurde 3 mal mit DMF, Isopropanol, und DCM gewaschen und im Hausvakuum getrocknet. Nach Abspaltung vom Harz und Entfernung der Seitenkettenschutzgruppen des Chelator-Peptid-Conjugates (**AAV6**) wurde das Rohprodukt mittels präparativer HPLC (**S4,G7**) gereinigt und mittels HPLC, LC-MS und ESI-MS analysiert. Die Bestimmung der Peptidkonzentration erfolgte nach **AAV7** und **AAV8**. Nach Lyophilisierung wurden 8.7 mg (5.8 µmol) **25** als weisses Pulver mit einer Reinheit von >98% erhalten. Ausbeute nach **AAV7** = 11.7%

ESI-MS: 771.5 ([M+H+K]$^{2+}$, 100%), 782.4 ([M+Na+K]$^{2+}$, 37%), 1541.4 ([M+K]$^+$, 19%).
LC-MS: R_t = 2.90'; 502.2 ([M+3H]$^{3+}$, 18%), 752.6 ([M+2H]$^{2+}$, 100%), 1504.2 ([M+H]$^+$, 19%).

4.4.3. Aminooxoacetyl-Arg-Pro-NH$_2$ (27)

Das Boc geschützte und aminofunktionalisierte Dipeptid Boc-HN-O-acetyl-Arg-Pro-NH$_2$ wurde nach **AAV1** an Rink Amid MBHA Festphase synthetisiert (217 µmol). Nach der Abspaltung vom Harz und der Entfernung der Boc-Schutzgruppe (**AAV6**) wurde das aminofunktionalisierte Dipeptid mittels präparativer HPLC (**S5,G9**) gereinigt und mittels analytischer HPLC (**G3,S2**), ESI-MS und LC-MS analysiert. Nach dem Lyophilisieren wurden 49 mg (142 µmol, 65% Ausbeute) **27** als weisses Pulver erhalten.
ESI-MS: 344.3 ([M+H]$^+$, 100%), 384.4 ([M+K]$^+$, 98%).
LC-MS: R_t = 0.22'; 344.3 ([M+H]$^+$, 100%).

4.4.4. 4-Fluorbenzyloximacetyl-Pro-Gln-NH$_2$ (28)

Aus einer Stammlösung von **27** (2 mg, in 1 ml H$_2$O) wurden 50 µl (1 eq, 290 nmol) in ein 1.7 ml prelubricated Eppendorfgefäss vorgelegt. 300 µl 0.1 M Citratpuffer (pH3) und 3.4 µl (1.1 eq, 95 mM, 320 µmol) 4-Fluorbenzaldehyd wurden zum Peptid gegeben und bei RT inkubiert. Nach bestimmten Zeitpunkten wurde eine Probe entnommen und mittels HPLC

(G3,S2) analysiert. Nach 2 h wurde die Reaktion abgebrochen und das entstandene Produkt (28) mittels ESI-MS und LC-MS identifiziert.

ESI-MS: 450.5 ([M+H]$^+$, 100%).

LC-MS: R$_t$ = 1.12'; 450.3 ([M+H]$^+$, 100%).

4.4.5. Aminooxoacetyl-[Thi^8,Met(O$_2$)^{11}]-Substanz P (29)

Das Reagenz Boc-aminooxyl-essigsäure wurde gemäss **AAV1** an das von Stephan Good zur Verfügung gestellte Peptid Fmoc-[Thi^8,Met(O$_2$)^{11}]-Substanz P (SG111) an der Festphase gekoppelt (77 µmol). Nach der Abspaltung vom Harz und der Entfernung der Schutzgruppen (**AAV6**) wurde das aminofunktionalisierte Peptid (29) mit der präparativen HPLC (S3,G7) gereinigt und mittels HPLC (**G3,S2**), ESI-MS und LC-MS analysiert. Nach dem Lyophilisieren erhielt man 12 mg (8.2 µmol, 10.6% Ausbeute) **29** weisses Pulver.

ESI-MS: 499.9 ([M+K+2H]$^{3+}$, 75%), 1459.2 ([M+H]$^+$, 100%).

LC-MS: R$_t$ = 1.42'; 730.2 ([M+2H]$^{2+}$, 100%).

4.4.6. 4-Fluorbenzyloximacetyl-[Thi^8,Met(O$_2$)^{11}]-Substanz P (30)

Aus einer Stammlösung von **29** (1 mg, in 1 ml H$_2$O) wurden 30 µl (1 eq, 20.6 nmol) in ein 1.7 ml prelubricated Eppendorfgefäss vorgelegt. 100 µl 0.1 M Zitratpuffer (pH3) und 3.7 µl (1.1 eq, 6.1 mM, 22.7 µmol) 4-Fluorbenzaldehyd wurden zum Peptid gegeben und im Trockenschrank bei 60 °C inkubiert. Nach bestimmten Zeitpunkten wurde eine Probe entnommen und mittels HPLC (**G3,S2**) analysiert. Nach 2 h wurde die Reaktion abgebrochen und das entstandene Produkt (**30**) mittels ESI-MS und LC-MS identifiziert.

ESI-MS: 783.5 ([M+2H]$^{2+}$, 75%).

LC-MS: R$_t$ = 1.57'; 782.7 ([M+2H]$^{2+}$, 100%), 1564.6 ([M+H]$^+$, 16%).

4.5. Circulardichroismus

Die Lyophilisate der ^{nat}Lu-DOTA-dPEG$_X$-BN(7-14) (x = 0, 2, 4, 6, 12, 24) Verbindungen wurden in Wasser gelöst und UV/Vis spektrometisch (λ = 280 nm, ϵ(Trp) = 5600) gemäss **AAV 7** auf eine Konzentration von 500 µM eingestellt. Die Lösungen wurden mit 0.01 M PBS-Puffer (pH 7.4) auf 50 µM verdünnt. Die Messungen des Circulardichroismus wurden bei 37 °C durchgeführt. Die Scans wurden in einem Bereich von 190 nm bis 260 nm, mit einer Integrationszeit von 4.0 s und einer Bandbreite von 1 nm aufgenommen. Die Lösungen wurden in einer 0.2 cm breiten Küvette gemessen. Für jede Substanz wurden 2 unabhängige Messungen durchgeführt, die mit den jeweiligen Puffer-Basis Spektren subtrahiert wurden. Die Daten wurden in millidegrees (mdeg, Theta Einheit ϑ) dargestellt. Damit die Sekundärstruktur der Substanzen bestimmt werden konnten, mussten die Circulardichroismus Daten von der Einheit mdeg in die Einheit Delta Epsilon $\Delta\epsilon$ konvertiert und mit den Algorithmen CDSSTR der Software DICHROWEB kalkuliert werden (*Gleichung 4*).

$$\Delta\epsilon = \vartheta \cdot (0.1 \cdot MRW / l \cdot c \cdot 3298) \qquad Gleichung\ 4$$

ϑ: gemessene Elliptizität (mdeg)
MRW: mean residue weight
l: Küvettenbreite in cm
c: Konzentration in mg/ml

4.6. Log D-Bestimmung

Um die Hydrophilie einer Substanz zu bestimmen, wurde der logD-Wert der dPEG$_X$ Analogen mittels „shake flask" Methode eruiert. 3 nmol DOTA-dPEG$_X$-BN(7-14) (x = 0, 2, 4, 6, 12, 24) wurden mit 1 mCi ^{177}LuCl gemäss **AAV 10** markiert. Die Markierlösung wurde in physiologischer NaCl-Lösung auf 100 nM verdünnt. Davon wurden 10 µl zu einer Emulsion aus 500 µl PBS (pH 7.4) und 500 µl 1-Octanol gegeben. Mittels Vortex wurde die Emulsion gut durchmischt. Nach 1 h Inkubation bei RT am Schüttler wurde die Emulsion nochmals mittels Vortex homogenisiert und anschliessend 10 min zentrifugiert (5000 x g). Es wurden Aliquots zu 100 µl PBS (c$_{PBS}$) und 1-Octanol (c$_{Oct}$) in dreifacher Ausfertigung gesammelt und mittels γ-Counter quantifiziert. Der Verteilungskoeffizient log D wurde mit der folgenden *Gleichung(5)* berechnet.

$$\log D = \log (c_{Oct}/c_{PBS}) \qquad \textit{Gleichung 5}$$

4.7. Serum- bzw. Plasmastabilitätsstudien

Das frisch entnommene Blut im Serum- bzw. Plasmafalcon wurde auf RT abgekühlt. Durch die Zentrifugation (5 min, 2000 x g) wurde die Blutsuspension in Überstand (Serum, Plasma, gelbe klare Flüssigkeit) und Sediment (zellulärer Bestandteil) getrennt.

30 pmol radioaktiv markiertes Peptid (spezifische Aktivität: 3 nmol / 5mCi ^{177}LuCl$_3$, 15 nmol / 5 mCi ^{99m}TcO$_4^-$, 3 nmol / 1 mCi ^{111}InCl$_3$, 3 nmol / 0.5 mCi ^{67}GaCl$_3$) wurden zu 1.5 ml frischem Blutserum bzw. –Plasma gegeben und im Brutschrank (5% CO$_2$, 37 °C) inkubiert. Zu bestimmten Zeitpunkten wurden 100 µl Serum (Plasma) zu 200 µl Ethanol (>99% pure) gegeben und der Proteinanteil ausgefällt (kleines γ-counter Röhrchen). Die entstandene Suspension (weisser Festkörper) wurde gut mit der Eppendorfpipette durchmischt und der Überstand nach der Zentrifugation (5 min, 5000 x g) in ein weiteres Röhrchen pipettiert. Weitere 200 µl Ethanol (>99% pure) wurden zum Überstand gegeben und gut gemischt (Trübung), dabei wurden weitere Proteine ausgefällt. Nach der Zentrifugation wurde der resultierende Überstand erneut in das zweite Röhrchen pipettiert. Die vereinten liquiden Phasen und das Sediment wurden per γ-Counter gemessen. Der Überstand wurde über einen Membranfilter filtriert und mittels Stickstoffzufuhr auf 50 µl aufkonzentriert. 20 µl wurden dann mittels HP1050 HPLC (20 µl loop) analysiert und mit dem Radioaktivitätsmonitor wurden Peptid und Metaboliten detektiert.

Folgende Gradienten und Säulen wurden für die Stabiliätsstudien verwendet:

G1,S1: ^{177}Lu-DOTA-dPEG$_0$-BN(7-14), ^{177}Lu-DOTA-dPEG$_4$-BN(7-14), ^{177}Lu-DOTA-dPEG$_6$-BN(7-14), ^{177}Lu-DOTA-dPEG$_{24}$-BN(7-14), ^{177}Lu-DOTA-Gly-AMBA-BN(7-14), ^{67}Ga-DOTA-Gly-AMBA-BN(7-14), ^{177}Lu-DOTA-dPEG$_4$-[β-Ala^{11}]-BN(7-14), ^{177}Lu-DOTA-dPEG$_4$-[β-Ala^{11},Met(O)^{14}]-BN(7-14);

G4,S3: ^{177}Lu-DOTA-dPEG$_2$-BN(7-14), ^{111}In-DOTA-ahx-BN(7-14), ^{99m}Tc-Cyclam-ahx-BN(7-14);

G5,S3: ^{177}Lu-DOTA-dPEG$_{12}$-BN(7-14).

Die Halbwertszeit der Peptide im Serum bzw. Plasma wurde mittels Origin 7.5 Software ausgerechnet. Eine Exponentielle Funktion (Geschwindigkeitsgesetz Reaktion 1. Ordnung) wurde durch die experimentellen Daten gelegt.

4.7.1. Identifikation der enzymatisch entstandenen Metaboliten von ^{177}Lu-DOTA-dPEG$_2$-BN(7-14) und ^{177}Lu-DOTA-dPEG$_{12}$-BN(7-14)

Für die Identifikation der enzymatisch entstandenen Metaboliten von ^{177}Lu-DOTA-dPEG$_2$-BN(7-14) und ^{177}Lu-DOTA-dPEG$_{12}$-BN(7-14), wurden gemäss **AAV 2** und **AAV 1** die potentiellen Fragmente synthetisiert, jedoch nicht gereinigt. Die Fragmente wurden nach **AAV 10** mit einer spezifischen Aktivität von 6 nmol Peptid / 1 mCi ^{177}LuCl$_3$) markiert und mit dem analytischen HPLC-System (HP1050; S2, G4) aufgetrennt. Um die Identifizierung eindeutig zu bestätigen, wurden Koinjektionen mit den potentiellen Fragmenten und dem extrahierten Serumüberstand des Peptides ^{177}Lu-DOTA-dPEG$_2$-BN(7-14) (6h Zeitpunkt) durchgeführt.

Für die Metaboliten-Identifikation und das Koinjektionsstudium des Peptids ^{177}Lu-DOTA-dPEG$_{12}$-BN(7-14) wurde die gleiche Vorgehensweise gewählt, jedoch ein anderer Gradient (S2, G5) verwendet.

4.7.2. Zersetzungskinetik von ^{177}Lu-DOTA-dPEG$_2$-BN(7-14) und ^{177}Lu-DOTA-dPEG$_{12}$-BN(7-14)

Die Zersetzung der Peptide ^{177}Lu-DOTA-dPEG$_2$-BN(7-14) und ^{177}Lu-DOTA-dPEG$_{12}$-BN(7-14) sowie deren Metaboliten wurden mittels HPLC analysiert und verfolgt. Die Auswertung erfolgte mit der Software Origin 7.5. Durch die Datenpunkte der Peptide bzw. deren Metaboliten wurden folgende Funktionen (Geschwindigkeitsgesetz, Reaktion 1. Ordnung, *Gleichung 6* für intaktes Peptid, *Gleichung 7* für 1. Metabolit und *Gleichung 8* für 2. und 3. Metaboliten) gelegt.

$$[A] = 100 \cdot e^{-k_1 t} \qquad \textit{Gleichung 6}$$

$$[B] = 100 \cdot \frac{k_1}{k_2 - k_1} \cdot (e^{-k_1 t} - e^{-k_2 t}) \qquad \textit{Gleichung 7}$$

$$[C] = 100 \cdot \left(1 + \frac{k_2}{k_1 - k_2} \cdot e^{-k_1 t} - \frac{k_1}{k_2 - k_1} \cdot e^{-k_2 t}\right)$$

Gleichung 8

4.7.3. Inhibitionsversuch der Enzyme

Zur Untersuchung der Enzymblockierung wurden drei unterschiedliche Inhibitoren getestet: EDTA (Metallprotein Inhibitor), Phosphoramidon (NEP Inhibitor) und Captopril (ACD Inhibitor). 3.6 µmol Inhibitor wurden zu 1.5 ml Serum gegeben und 15 min im Brutschrank (5% CO_2, 37 °C) inkubiert. Danach wurden 30 pmol ^{177}Lu-DOTA-dPEG$_2$-BN(7-14) zu der inhibierten Lösung gegeben und 96 h im Brutschrank (5% CO_2, 37 °C) inkubiert. Nach bestimmten Zeitpunkten wurde eine Probe entnommen und wie im Kapitel 5.7.1. aufgearbeitet und mittels HPLC analysiert.

4.8. Zellversuche

4.8.1. PC-3 Zelllinie und Kultur

Die Zellversuche wurden mit menschlicher caucasian prostate PC-3 Zelllinie durchgeführt. Diese adhärent wachsenden Zellen wurden in Dulbecco's Modified Eagle Medium (DMEM, unter Zusatz von 10% Foetal Calf Serum (FCS), 1% Penicillin/Streptomycin und 2% L-Glutamin in 175 cm^2-Zellkulturflaschen bei 37°C in einer mit 5% CO_2 angereicherten Luft in einem Brutschrank kultiviert. Ein kompletter Wechsel des Nährmediums bzw. eine Passage erfolgte alle 3 Tage. Die Subkultivierung der Zellen wurde unter sterilen Bedingungen in einer Workbench durchgeführt. Hierzu wurde zunächst das Medium aus der Flasche abgesaugt und der Zellteppich vorsichtig mit 2 ml Trypsin benetzt. Nach 2 min wurde das Trypsin abgesaugt und eine weitere Trypsinierung (2 ml) für 5min bei 37°C im Brutschrank durchgeführt. Die abgelösten Zellen wurden in einen 50 ml Falcon pipettiert, die Kulturflaschen mit Medium nachgewaschen und die resultierende Zellwaschlösung zum Falcon gegeben. Die Passage erfolgte im Verhältnis 1:6.

4.8.2. Internalisierung

Internalisierungs- und Externalisierungsexperimente wurden mit der GRP-Rezeptor positiven PC-3-Zelllinie in Zellkulturplatten durchgeführt. Die Kultivierung der Tumorzellen wurden in DMEM und unter Zusatz von 10% FCS Antibiotika sowie Glutamin durchgeführt.
In Zellkulturplatten („6-well-plates", 6 Vertiefungen) wurden am Tag vor dem Experiment pro Vertiefung 10^6 PC-3-Zellen per Combipipette (sterile Pipetten) aufgetragen und 3 ml 1% FBS-Medium beigefügt. Die Zellen wurden über Nacht im Brutschrank (37 °C, 5% CO_2) inkubiert. Nach ca. 18 h wurde das Medium entfernt, der adhärente Zellteppich mit 2 ml 1% FBS Medium gewaschen und pro Vertiefung 1.25 ml 1% FCS-Medium mittels steriler 250 µl Combipipette beigefügt. Die Zellen wurden nochmals 1.5 h im Brutschrank (37 °C, 5% CO_2) inkubiert.
Nach dem Inkubieren wurden in den oberen 3 Vertiefungen 150 µl Blockierlösung (250 pmol, 1.67 µmol/l unmarkiertes Peptid, der untersuchenden Substanz) und in den unteren 3 Vertiefungen 150 µl 1% FCS Medium zum Volumenausgleich gegeben. Danach wurde in jede Vertiefung 150 µl des mit dem gewünschten Radioisotop (^{67}Ga, ^{111}In, ^{177}Lu, ^{99m}Tc) markierten (AAV 10, 11, 12) Peptides (0.25 pmol, 1.67 nmol/l) mittels 150 µl Combipipette

beigefügt. Die Zellkulturplatten wurden in den Brutschrank gestellt und nach festgelegten Zeitpunkten (0.5 h, 1h, 2h, 4h, 6h) für das Experiment herausgenommen. Nach der Inkubationszeit wurde die Zellplatte auf Eis gelegt, das Medium entfernt und in 7.5 ml γ-Counter-Röhrchen gesammelt. Die adhärenten Zellen wurden zweimal mit 1 ml eiskalter Phosphatpufferlösung (PBS, pH 7.2, 0 °C) gewaschen und die abpipettierte PBS-Lösung zum bereits gesammelten Medium gegeben.

Die Zellen wurden dann auf Eis zweimal 5 min mit 1ml Glycinbuffer (0.05 M Glycin, pH 2.8, 0 °C) behandelt. Die abpipettierten Glycinlösungen wurden ebenso in γ-Counter-Röhrchen gesammelt.

Als letzter Schritt wurde der Zellteppich mit 1 ml 1M NaOH-Lösung versetzt und 5 min im Brutschrank (37 °C, 5% CO_2) inkubiert. Der dabei abgelöste Zellteppich wurde in separaten γ-Counter-Röhrchen gesammelt. Die Vertiefungen wurden danach zweimal mit 1ml 1M NaOH-Lösung gewaschen und dabei wurden die abpipettierten Lösungen zu der bereits im Röhrchen vorgelegten Zellsuspension gegeben. Alle Fraktionen wurden in dreifacher Ausfertigung gesammelt und die Radioaktivität wurde mit dem γ-Counter quantifiziert. Die rezeptorspezifische Internalisierung wurde aus der Differenz zwischen den nicht blockierten und den blockierten Fraktionen in % der eingesetzten Aktivität.

Um die Zellzahl zu bestimmen (*Gleichung 9*), wurde eine separate Zellkulturplatte angesetzt. Nach einer Inkubationszeit von 4 h im Brutschrank (37 °C, 5% CO_2) wurde der Zellteppich durch Behandlung mit 1.5 ml Trypsin entfernt. 100 µl Zellsuspension wurden zu 100 µl Trypanblau gegeben und gut durchmischt. Eine Probe davon wurde in die Neubauer-Zählkammer (pro Quadrat: 0.1 mm^3 -> 0.1 µl) pipettiert und die Zellen anschliessend unter dem Mikroskop gezählt.

$$N_{Zellen} = F_{Verdünnung} \cdot \phi_{Zellzahl} \cdot 10^4 \qquad Gleichung\ 9$$

N_{Zellen} : Totale Zellzahl
$F_{Verdünnung}$: Verdünnungsfaktor
$\emptyset_{Zellzahl}$: Durchschnittliche Zellzahl

4.8.3. Externalisierung

Für das Externalisierungsexperiment liess man die PC-3 Zellen 2 h im Brutschrank das untersuchende Radiopeptid internalisieren (Internalisierungsplatte 2h, siehe oben). Die Zellen wurden dann zweimal mit PBS gewaschen und zweimal für 5 min mit Glycinbuffer inkubiert, danach wurden 3 ml 1% FCS Medium den Zellen zugegeben. Nach festgelegten Zeitpunkten (5 min, 10 min, 15 min, 30 min, 60 min, 120 min, 240 min) wurde ein Mediumwechsel vorgenommen, dabei wurden die abpipettierten Fraktionen in γ-Counter-Röhrchen gesammelt. Nach dem 240 min Wert wurde der Zellteppich wie bei dem Internalisierungsexperiment dreimal mit 1 ml 1M NaOH-Lösung behandelt. Alle Fraktionen wurden in dreifacher Ausfertigung gesammelt und die Radioaktivität wurde mit dem γ-Counter quantifiziert.

4.8.4. Bioverteilung

Die Tierversuche wurden gemäss den eidgenössischen Vorschriften durchgeführt und durch das schweizerische Bundesamt für Veterinärwesen bewilligt (Bewilligungsnummer 789). Die Tiere wurden artgerecht im Tierstall des Departements Forschung des Universitätsspitals Basel in Gruppen zu 6 Tieren pro Box gehalten.

Für die Bioverteilung wurden 5 Wochen alte weibliche athymic nackt nu/nu Mäuse eingesetzt. Den Mäusen wurden unter Narkose (3 vol% Isofluran / 0.6 l O_2/min) 10^7 PC-3-Tumorzellen in 150 µl PBS subkutan in das Genick inokuliert (animpfen einer Zellkultur, dies *in vivo*). Nach ca. 12 Tagen bildeten die Mäuse einen festen, fühlbaren Tumor mit einem Durchmesser von 0.5 – 1.0 cm. Den PC-3 Tumor tragenden Mäusen wurden dann unter Narkose (3 vol% Isofluran / 0.6 l O_2/min) 10 pmol der zuuntersuchenden markierten Substanz (13 – 25 ng Peptid / 185 kBq) in 100 µl 1%-iger HSA-Lösung in die Schwanzvene injiziert. Zur Bestimmung der nichtspezifischen Anreicherung im Tumor und in GRP-Rezeptor positiven Organen wurden einer Kontrollgruppe (3 – 4 Mäuse) zusätzlich 16 nmol der zuuntersuchenden, nicht radioaktiven Substanz koinjiziert. Nach festgelegten Zeitpunkten (4 h, 24 h) wurden die tumortragenden Tiere erneut unter Narkose gesetzt (3 vol% Isofluran / 0.6 l O_2/min) und anschliessend mit CO_2 getötet. Den Tieren wurden Blut, ausgewählte Organe und der Tumor entnommen, in ein tariertes γ-Counter-Röhrchen transferiert, gewogen und die Aktivität anschliessend mittels γ-Counter quantifiziert. Bei der Auswertung wurden die gemessenen Aktivitäten der Organe auf die total injizierte Dosis pro Maus und pro Gramm Gewebe (% ID/g Gewebe) normiert.

5. Zusammenfassung/Schlussfolgerung

Im Rahmen dieser Arbeit wurden drei Projekte auf Basis von Bombesin-Agonisten und ein Projekt auf Basis des Peptids Substanz P bearbeitet. Alle Peptidderivate wurden mittels eines semiautomatischen Peptidsynthesizers und der Fmoc-Schutzgruppenstrategie an der Festphase synthetisiert.

1. Im ersten Projekt wurde eine Serie von Bombesin-Derivaten mit unterschiedlich langen Polyethylenglycol-Spacer-Einheiten (dPEG) zwischen dem Peptid und dem DOTA-Chelator synthetisiert und mit ^{177}Lu markiert. Der Einfluss der Spacerlänge auf die biologischen Parameter der Verbindungen $^{nat/177}$Lu-DOTA-dPEG$_x$-BN(7-14) (x = 0, 2, 4, 6, 12, 24) wurde mittels *in vitro*- und *in vivo*-Experimente evaluiert.

Die Bindungsaffinitätsstudien mit GRP-Rezeptor exprimierenden Membranen zeigten für Bombesinderivate ohne Spacer bzw. mit langem Spacer hohe IC$_{50}$-Werte. Es lässt sich daraus schliessen, dass Bombesinderivate einen Spacer benötigen. Ist der Spacer jedoch zu lang, wird durch die sterisch anspruchsvolle Ethylenglykoleinheit die Bindungsaffinität des Liganden zum Rezeptor herabgesetzt, wie es im Falle des ^{nat}Lu-DOTA-dPEG$_{24}$-BN(7-14) zu sehen ist.

Am Beispiel des DOTA-dPEG$_4$-[β-Ala^{11}]-BN(7-14) wurde beobachtet, dass während einer ^{177}Lu-Markierung das oxidierte ^{177}Lu-DOTA-dPEG$_4$-[β-Ala^{11},Met(O)^{14}]-BN(7-14) als Nebenprodukt entsteht. Die Verhinderung dieser Radiolyse ist sehr wichtig, da ansonsten das Bombesinderivat seine Bindungsaffinität zum GRP-Rezeptor (IC$_{50}$-Wert > 1000) vollständig verliert. Durch einen 1000-fachen Überschuss eines Antioxidationsmittels wie Methionin zur Markierlösung kann dies erreicht werden.

Die Stabilitätsexperimente im humanen Blutserum zeigten, dass die ^{177}Lu-DOTA-dPEG$_x$-BN(7-14)-Derivate mit der Zunahme der Spacerlänge an Stabilität gewinnen. Es wurden zwei Hypothesen für diese Ursache aufgestellt: Erstens kann davon ausgegangen werden, dass die Spacerlänge einen Einfluss auf die Spaltungsstelle der Peptidsequenz hat, da möglicherweise unterschiedliche Peptidasen involviert sind. Zweitens besteht die Möglickeit, dass die Analoga abweichende Konformationen haben, was der Grund für die biologisch unterschiedlichen Halbwertszeiten sein könnte.

Sowohl bei kurzem als auch bei langem Spacer wurden die gleichen enzymatischen Spaltungsstellen gefunden. Die Abbaukinetik hat ergeben, dass der vollständige Abbau zwar beim ^{177}Lu-DOTA-dPEG$_2$-BN(7-14)-Derivat einen leicht anderen Weg als beim ^{177}Lu-

DOTA-dPEG$_{12}$-BN(7-14)-Derivat einschlägt, jedoch die erste und massgebende Metabolisierung vermutlich durch das gleiche Enzym erfolgt. Das Enzym wurde als Angiotensin Converting Enzym identifiziert und lässt sich durch die Substanz Captopril inhibieren.

Durch Circulardichroismus-Messungen der ^{nat}Lu-DOTA-dPEG$_x$-BN(7-14) (x = 0, 2, 4, 6, 12, 24)-Analoga wurde die zweite Hypothese untersucht. Das Derivat ohne Spacer bzw. die Analoga mit einem kurzen Spacer zeigten einen hohen *random coil*-Charakter und die Analoga mit einem langen Spacer zeigten hohe β-sheet-Strukturen. Dieses Ergebnis deutet an, dass Peptide mit höherem β-sheet-Charakter somit eine höhere Resistenz gegenüber Peptidasen im humanen Blut aufweisen. Dies könnte eine Bestätigung für die zweite Hypothese sein, wobei die Länge des Spacers die Konformation der Analoga beeinflusst und damit auch die Serumstabilität.

Durch das Einführen eines hydrophilen Spacers wurde versucht, die Hydrophilie des Radiopharmakons zu erhöhen und damit die Aufenthaltsdauer im Blutkreislauf zu verlängern, was einer höheren Anreicherung des Radiopharmakon am Zielort führen sollte. Der *in vivo*-Versuch bestätigte jedoch nicht den angenommenen Effekt. Die Bioverteilungsstudien zeigten bereits nach 4 h sehr niedrige Blutwerte, was auf eine rasche Ausscheidung der Radiopeptide hindeutet.

Die Länge des dPEG-Spacers hat vor allem einen deutlichen Einfluss auf die enzymatische Stabilität und ebenso auf die Bioverteilung. Im Allgemeinen zeigt von allen Analoga ^{177}Lu-DOTA-dPEG$_{12}$-BN(7-14) die besten pharmakologischen Eigenschaften. Der hohe Tumoruptake, sowie ein hohes Tumor-zu-Nieren- und Tumor-zu-Leber-Verhältnis bieten die besten Voraussetzungen für den Einsatz in der Klinik.

2. Da das metastabile ^{99m}Tc sehr gute radiochemische und kernphysikalische Eigenschaften besitzt und durch die Verfügbarkeit als Generatornuklid dem ^{111}In überlegen ist, wurde ein neues Bombesin-Derivat entwickelt, das für eine ^{99m}Tc-Markierung geeignet ist.

Im zweiten Projekt wurde somit Cyclam-ahx-BN(7-14) ausgehend vom neuartigen **zyklischen** N$_4$-Chelator C-Carbonsäure-Cyclam und dem an der Festphase gekoppelten Peptid ahx-BN(7-14) hergestellt. Die ^{99m}Tc-Markierung des neuen Liganden wurde anhand der konventionellen Markierungsprozedur für **azyklische** Chelatoren nach *Nock et al.* optimiert. Die Markierungszeit konnte durch Temperaturerhöhung von RT auf 95°C und dem Verzicht auf Transferliganden von 45 min auf 15 min verkürzt werden. Nach dieser neuen

Markierungsvorschrift wurde in der Regel bei einer spezifischen Aktivität von 12.8 MBq/nmol eine Markierausbeute > 97% erreicht.

Das neu entwickelte Derivat ^{99m}Tc-Cyclam-ahx-BN(7-14) wurde mit dem von *Hofmann et al.* publizierten ^{111}In-DOTA-ahx-BN(7-14) *in vitro* verglichen. Bezogen auf die Bindungsaffinität zum GRP-R zeigt der nichtkomplexierte Ligand Cyclam-ahx-BN(7-14) einen 15fach niedrigeren IC$_{50}$-Wert als DOTA-ahx-BN(7-14). Ebenso wurde für die ^{99m}Tc-markierte Substanz eine höhere biologische Halbwertszeit im humanen Blutserum bestimmt als für ^{111}In-DOTA-ahx-BN(7-14). Die Internalisierung von ^{99m}Tc-Cyclam-ahx-BN(7-14) war jedoch mit 19.8% deutlich schlechter als jener der Vergleichsverbindung mit 32%.

3. Der Bombesinagonist DOTA-Gly-AMBA-BN(7-14) (DOTA-AMBA) wurde von *Lantry et al.* entwickelt und *in vitro* und *in vivo* charakterisiert. ^{177}Lu-DOTA-AMBA zeigt für die Klinik vielversprechende Resultate, daher war das Ziel des dritten Projekts DOTA-AMBA nachzusynthetisieren, mit ^{67}Ga bzw. ^{177}Lu zu markieren und die Resultate der durchgeführten pharmakologischen Experimente miteinander zu vergleichen. Bei positiven Ergebnissen bietet DOTA-AMBA eine vielversprechende diagnostische Option durch Markierung mit dem Positronenemitter ^{68}Ga.

Der Agonist ^{67}Ga-DOTA-AMBA zeigte *in vitro* als auch *in vivo* ähnlich gute, teilweise sogar bessere Ergebnisse als ^{177}Lu-DOTA-AMBA. Die Bindungsaffinität zu GRP-R, die biologische HWZ im humanen Blutserum und die Internalsierungsrate waren nahezu identisch. Der Tumoruptake war mit 5.6% ID/g etwas besser im Vergleich zu ^{177}Lu-DOTA-AMBA (4.5% ID/g). Der Pankreas- und ebenso der Nebennierenuptake waren jedoch mit 68.8% ID/g respektive mit 18.1% ID/g fast doppelt so hoch gegenüber ^{177}Lu-DOTA-AMBA.

Wird jedoch ein Vergleich zwischen ^{177}Lu-DOTA-AMBA und ^{177}Lu-DOTA-dPEG$_{12}$-BN(7-14) gezogen, zeigt DOTA-AMBA zwar eine höhere Bindungsaffinität zum GRP-R und bessere Internalisierungs- (Faktor 1.5) wie auch Externalisierungsraten (Faktor 1.2), jedoch besitzt das dPEG$_{12}$-Analogon eine bessere enzymatische Stabilität (Faktor 1.6) und ebenfalls günstigere Bioverteilungsdaten. Für die Therapie wäre ^{177}Lu-DOTA-dPEG$_{12}$-BN(7-14) vermutlich besser geeignet als ^{177}Lu-DOTA-AMBA.

4. Im vierten Projekt wurde die Oximreaktion zwischen para-^{211}At-Benzaldehyd und einem aminooxyfunktionalisierten Substanz P-Derivat simuliert. Dazu wurde die Reaktion zwischen para-Fluorbenzaldehyd und dem Substanz P-Derivat unter ähnlichen Stoffmengenverhältnissen einer radioaktiven Markierung (sehr hohe Verdünnung) untersucht. Da das Peptid die Aminosäure Lysin enthält, welche ebenfalls mit dem Aldehyd zu einem Imin reagieren könnte, wurde anhand von zwei kurzen Modellverbindungen die Chemoselektivität der Aminooxyfunktion überprüft. Es wurde ein Tripeptid mit Lysin und ein Tripeptid mit der Aminooxyfunktion synthetisiert. Die Reaktivität der verschiedenen funktionellen Gruppen wurde mit dem Reagenz para-Fluorbenzaldehyd anschliessend untersucht. In saurem Milieu bei pH 3 wurde keine Reaktion zwischen der ε-Aminogruppe des Lysins und dem Aldehyd festgestellt. Eine schnelle Reaktion wurde jedoch zwischen dem Tripeptid mit der Aminooxygruppe und dem Reagenz beobachtet. Die hohe Chemoselektivität der Aminooxy- gegenüber der Aminofunktion ist somit gewährleistet. Optimale Bedingungen für die Oximreaktion zwischen aminooxyacetyl-[Thi^8,Met(O$_2$)^{11}]-Substanz P und para-Fluorbenzaldehyd herrschen in Acetat- oder Zitratpuffer pH 3 und bei einer Reaktionstemperatur von 60°C. Nach 60 min wurde eine Ausbeute von > 90% erreicht, wobei das Produkt Fluorobenzylidenoxim-acetyl-[Thi^8,Met(O$_2$)^{11}]-Substanz P in der Reaktionslösung bei RT über 24 h stabil blieb. Diese simple Reaktion ist wegen ihrer Chemoselektivität und der kinetisch schnell ablaufenden Reaktion für die Herstellung eines ^{211}At-markierten Substanz P-Derivats sehr geeignet.

6. Literaturverzeichnis

(1) Lodish, H. Berk, A. Darnell, J. E. Molekulare Zellbiologie (2001), 4. Auflage Berlin. Spektrum Akademischer Verlag GmbH Heidelberg.
(2) Hennig K., Woller, P., Franke, W. G. (1991) Nuklearmedizin, Jena. Gustav Fischer Verlag Jena.
(3) Schicha, O. Schober, O. Nuklearmedizin (2003). Stuttgart, Schattauer Verlag.
(4) Reubi, J. C. (2003) Peptide receptors as molecular targets for cancer diagnosis and therapy. *Endocr Rev 24*, 389-427.
(5) Krenning, E. P., Kwekkeboom, D. J., Bakker, W. H., Breeman, W. A., Kooij, P. P., Oei, H. Y., van Hagen, M., Postema, P. T., de Jong, M., Reubi, J. C., and et al. (1993) Somatostatin receptor scintigraphy with [^{111}In-DTPA-D-Phe^{1}]- and [^{123}I-Tyr^{3}]-octreotide: the Rotterdam experience with more than 1000 patients. *Eur J Nucl Med 20*, 716-31.
(6) Krenning, E. P., Bakker, W. H., Breeman, W. A., Koper, J. W., Kooij, P. P., Ausema, L., Lameris, J. S., Reubi, J. C., and Lamberts, S. W. (1989) Localisation of endocrine-related tumours with radioiodinated analogue of somatostatin. *Lancet 1*, 242-4.
(7) Liu, S., Edwards, D. S., Looby, R. J., Poirier, M. J., Rajopadhye, M., Bourque, J. P., and Carroll, T. R. (1996) Labeling cyclic glycoprotein IIb/IIIa receptor antagonists with ^{99m}Tc by the preformed chelate approach: effects of chelators on properties of [^{99m}Tc]chelator-peptide conjugates. *Bioconjug Chem 7*, 196-202.
(8) Fischman, A. J., Babich, J. W., and Rubin, R. H. (1994) Infection imaging with technetium-99m-labeled chemotactic peptide analogs. *Semin Nucl Med 24*, 154-68.
(9) Reubi, J. C. (1995) Neuropeptide receptors in health and disease: the molecular basis for in vivo imaging. *J Nucl Med 36*, 1825-35.
(10) Heppeler, A., Froidevaux, S., Eberle, A. N., and Maecke, H. R. (2000) Receptor targeting for tumor localisation and therapy with radiopeptides. *Curr Med Chem 7*, 971-94.
(11) Patel, Y. C. (1999) Somatostatin and its receptor family. *Front Neuroendocrinol 20*, 157-98.
(12) Moody, T. W., Chan, D., Fahrenkrug, J., and Jensen, R. T. (2003) Neuropeptides as autocrine growth factors in cancer cells. *Curr Pharm Des 9*, 495-509.
(13) Schally, A. V. (1988) Oncological applications of somatostatin analogues. *Cancer Res 48*, 6977-85.
(14) Hoyer, D., Bell, G. I., Berelowitz, M., Epelbaum, J., Feniuk, W., Humphrey, P. P., O'Carroll, A. M., Patel, Y. C., Schonbrunn, A., Taylor, J. E., and et al. (1995) Classification and nomenclature of somatostatin receptors. *Trends Pharmacol Sci 16*, 86-8.
(15) Reisine, T., and Bell, G. I. (1995) Molecular biology of somatostatin receptors. *Endocr Rev 16*, 427-42.
(16) Yamada, Y., Post, S. R., Wang, K., Tager, H. S., Bell, G. I., and Seino, S. (1992) Cloning and functional characterization of a family of human and mouse somatostatin receptors expressed in brain, gastrointestinal tract, and kidney. *Proc Natl Acad Sci U S A 89*, 251-5.
(17) Otte, A., Herrmann, R., Heppeler, A., Behe, M., Jermann, E., Powell, P., Maecke, H. R., and Muller, J. (1999) Yttrium-90 DOTATOC: first clinical results. *Eur J Nucl Med 26*, 1439-47.
(18) Heppeler, A., Behe, M., Powell, P., Maecke, H. R., and Henning, M. (1999) Radiometal-Labelled Macrocyclic Chelator-Derivated Somatostatin Analogue with

Superb Tumour-Targeting Properties and Potential for Receptor-Mediated Internal Radiotherapy. Chem. Eur J 5, 1974-81.

(19) Nicoll, R. A., Schenker, C., and Leeman, S. E. (1980) Substance P as a transmitter candidate. *Annu Rev Neurosci 3*, 227-68.

(20) Hokfelt, T., Pernow, B., and Wahren, J. (2001) Substance P: a pioneer amongst neuropeptides. *J Intern Med 249*, 27-40.

(21) Hennig, I. M., Laissue, J. A., Horisberger, U., and Reubi, J. C. (1995) Substance-P receptors in human primary neoplasms: tumoral and vascular localization. *Int J Cancer 61*, 786-92.

(22) Friess, H., Zhu, Z., Liard, V., Shi, X., Shrikhande, S. V., Wang, L., Lieb, K., Korc, M., Palma, C., Zimmermann, A., Reubi, J. C., and Buchler, M. W. (2003) Neurokinin-1 receptor expression and its potential effects on tumor growth in human pancreatic cancer. *Lab Invest 83*, 731-42.

(23) Reubi, J. C. (1997) Regulatory peptide receptors as molecular targets for cancer diagnosis and therapy. *Q J Nucl Med 41*, 63-70.

(24) van Hagen, P. M., Breeman, W. A., Reubi, J. C., Postema, P. T., van den Anker-Lugtenburg, P. J., Kwekkeboom, D. J., Laissue, J., Waser, B., Lamberts, S. W., Visser, T. J., and Krenning, E. P. (1996) Visualization of the thymus by substance P receptor scintigraphy in man. *Eur J Nucl Med 23*, 1508-13.

(25) Erspamer, V., Erpamer, G. F., and Inselvini, M. (1970) Some pharmacological actions of alytesin and bombesin. *J Pharm Pharmacol 22*, 875-6.

(26) Anastasi, A., Erspamer, V., and Bucci, M. (1972) Isolation and amino acid sequences of alytesin and bombesin, two analogous active tetradecapeptides from the skin of European discoglossid frogs. *Arch Biochem Biophys 148*, 443-6.

(27) McDonald, T. J., Jornvall, H., Nilsson, G., Vagne, M., Ghatei, M., Bloom, S. R., and Mutt, V. (1979) Characterization of a gastrin releasing peptide from porcine non-antral gastric tissue. *Biochem Biophys Res Commun 90*, 227-33.

(28) Walsh, J. S., (1994) Gastrointestinal hormones. In: Johnson LR, ed. Physiology of the gastrointestinal tract. 3rd ed. New York: Raven Press, Ltd; 1-128.

(29) Moody, T. W., and Cuttitta, F. (1993) Growth factor and peptide receptors in small cell lung cancer. *Life Sci 52*, 1161-73.

(30) Cuttitta, F., Carney, D. N., Mulshine, J., Moody, T. W., Fedorko, J., Fischler, A., and Minna, J. D. (1985) Bombesin-like peptides can function as autocrine growth factors in human small-cell lung cancer. *Nature 316*, 823-6.

(31) Reubi, J. C., Waser, B., Friess, H., Buchler, M., and Laissue, J. (1998) Neurotensin receptors: a new marker for human ductal pancreatic adenocarcinoma. *Gut 42*, 546-50.

(32) Nelson, J., Donnelly, M., Walker, B., Gray, J., Shaw, C., and Murphy, R. F. (1991) Bombesin stimulates proliferation of human breast cancer cells in culture. *Br J Cancer 63*, 933-6.

(33) Wang, Q. J., Knezetic, J. A., Schally, A. V., Pour, P. M., and Adrian, T. E. (1996) Bombesin may stimulate proliferation of human pancreatic cancer cells through an autocrine pathway. *Int J Cancer 68*, 528-34.

(34) Alexander, R. W., Upp, J. R., Jr., Poston, G. J., Gupta, V., Townsend, C. M., Jr., and Thompson, J. C. (1988) Effects of bombesin on growth of human small cell lung carcinoma in vivo. *Cancer Res 48*, 1439-41.

(35) Spindel, E. R., Giladi, E., Brehm, P., Goodman, R. H., and Segerson, T. P. (1990) Cloning and functional characterization of a complementary DNA encoding the murine fibroblast bombesin/gastrin-releasing peptide receptor. *Mol Endocrinol 4*, 1956-63.

(36) Wada, E., Way, J., Shapira, H., Kusano, K., Lebacq-Verheyden, A. M., Coy, D., Jensen, R., and Battery, J. (1991) cDNA cloning, characterization, and brain region-

specific expression of a neuromedin-B-preferring bombesin receptor. *Neuron 6*, 421-30.
(37) Fathi, Z., Corjay, M. H., Shapira, H., Wada, E., Benya, R., Jensen, R., Viallet, J., Sausville, E. A., and Battey, J. F. (1993) BRS-3: a novel bombesin receptor subtype selectively expressed in testis and lung carcinoma cells. *J Biol Chem 268*, 5979-84.
(38) Nagalla, S. R., Barry, B. J., Creswick, K. C., Eden, P., Taylor, J. T., and Spindel, E. R. (1995) Cloning of a receptor for amphibian [Phe^{13}]bombesin distinct from the receptor for gastrin-releasing peptide: identification of a fourth bombesin receptor subtype (BB4). *Proc Natl Acad Sci U S A 92*, 6205-9.
(39) Reubi, J. C., Korner, M., Waser, B., Mazzucchelli, L., and Guillou, L. (2004) High expression of peptide receptors as a novel target in gastrointestinal stromal tumours. *Eur J Nucl Med Mol Imaging 31*, 803-10.
(40) Reubi, J. C., Wenger, S., Schmuckli-Maurer, J., Schaer, J. C., and Gugger, M. (2002) Bombesin receptor subtypes in human cancers: detection with the universal radioligand (125)I-[D-TYR(6), beta-ALA(11), PHE(13), NLE(14)] bombesin(6-14). *Clin Cancer Res 8*, 1139-46.
(41) Adamietz, I.A.,Noldus, J., Feyer, P., Böttcher, H.D. (2007) Prostatakarzinomrezidiv. 1. Auflage München. Zuckschwerdt Verlag GmbH, Gremering/München.
(42) Broccardo, M., Falconieri Erspamer, G., Melchiorri, P., Negri, L., and de Castiglione, R. (1975) Relative potency of bombesin-like peptides. *Br J Pharmacol 55*, 221-7.
(43) Zhang, H., Chen, J., Waldherr, C., Hinni, K., Waser, B., Reubi, J. C., and Maecke, H. R. (2004) Synthesis and evaluation of bombesin derivatives on the basis of pan-bombesin peptides labeled with indium-111, lutetium-177, and yttrium-90 for targeting bombesin receptor-expressing tumors. *Cancer Res 64*, 6707-15.
(44) Zhang, H., Schuhmacher, J., Waser, B., Wild, D., Eisenhut, M., Reubi, J. C., and Maecke, H. R. (2007) DOTA-PESIN, a DOTA-conjugated bombesin derivative designed for the imaging and targeted radionuclide treatment of bombesin receptor-positive tumours. *Eur J Nucl Med Mol Imaging 34*, 1198-208.
(45) Schuhmacher, J., Zhang, H., Doll, J., Macke, H. R., Matys, R., Hauser, H., Henze, M., Haberkorn, U., and Eisenhut, M. (2005) GRP receptor-targeted PET of a rat pancreas carcinoma xenograft in nude mice with a 68Ga-labeled bombesin(6-14) analog. *J Nucl Med 46*, 691-9.
(46) Rogers, B. E., Manna, D. D., and Safavy, A. (2004) In vitro and in vivo evaluation of a ^{64}Cu-labeled polyethylene glycol-bombesin conjugate. *Cancer Biother Radiopharm 19*, 25-34.
(47) Nock, B., Nikolopoulou, A., Chiotellis, E., Loudos, G., Maintas, D., Reubi, J. C., and Maina, T. (2003) [^{99m}Tc]Demobesin 1, a novel potent bombesin analogue for GRP receptor-targeted tumour imaging. *Eur J Nucl Med Mol Imaging 30*, 247-58.
(48) Nock, B. A., Nikolopoulou, A., Galanis, A., Cordopatis, P., Waser, B., Reubi, J. C., and Maina, T. (2005) Potent bombesin-like peptides for GRP-receptor targeting of tumors with ^{99m}Tc: a preclinical study. *J Med Chem 48*, 100-10.
(49) Lantry, L. E., Cappelletti, E., Maddalena, M. E., Fox, J. S., Feng, W., Chen, J., Thomas, R., Eaton, S. M., Bogdan, N. J., Arunachalam, T., Reubi, J. C., Raju, N., Metcalfe, E. C., Lattuada, L., Linder, K. E., Swenson, R. E., Tweedle, M. F., and Nunn, A. D. (2006) ^{177}Lu-AMBA: Synthesis and characterization of a selective ^{177}Lu-labeled GRP-R agonist for systemic radiotherapy of prostate cancer. *J Nucl Med 47*, 1144-52.
(50) Karra, S. R., Schibli, R., Gali, H., Katti, K. V., Hoffman, T. J., Higginbotham, C., Sieckman, G. L., and Volkert, W. A. (1999) ^{99m}Tc-labeling and in vivo studies of a bombesin analogue with a novel water-soluble dithiadiphosphine-based bifunctional chelating agent. *Bioconjug Chem 10*, 254-60.

(51) Hoffman, T. J., Gali, H., Smith, C. J., Sieckman, G. L., Hayes, D. L., Owen, N. K., and Volkert, W. A. (2003) Novel series of ^{111}In-labeled bombesin analogs as potential radiopharmaceuticals for specific targeting of gastrin-releasing peptide receptors expressed on human prostate cancer cells. *J Nucl Med 44*, 823-31.

(52) Breeman, W. A., Hofland, L. J., de Jong, M., Bernard, B. F., Srinivasan, A., Kwekkeboom, D. J., Visser, T. J., and Krenning, E. P. (1999) Evaluation of radiolabelled bombesin analogues for receptor-targeted scintigraphy and radiotherapy. *Int J Cancer 81*, 658-65.

(53) Smith, C. J., Gali, H., Sieckman, G. L., Higginbotham, C., Volkert, W. A., and Hoffman, T. J. (2003) Radiochemical investigations of (99m)Tc-N(3)S-X-BBN[7-14]NH(2): an in vitro/in vivo structure-activity relationship study where X = 0-, 3-, 5-, 8-, and 11-carbon tethering moieties. *Bioconjug Chem 14*, 93-102.

(54) Smith, C. J., Gali, H., Sieckman, G. L., Hayes, D. L., Owen, N. K., Mazuru, D. G., Volkert, W. A., and Hoffman, T. J. (2003) Radiochemical investigations of ^{177}Lu-DOTA-8-Aoc-BBN[7-14]NH$_2$: an in vitro/in vivo assessment of the targeting ability of this new radiopharmaceutical for PC-3 human prostate cancer cells. *Nucl Med Biol 30*, 101-9.

(55) Ginj, M., Chen, J., Walter, M. A., Eltschinger, V., Reubi, J. C., and Maecke, H. R. (2005) Preclinical evaluation of new and highly potent analogues of octreotide for predictive imaging and targeted radiotherapy. *Clin Cancer Res 11*, 1136-45.

(56) Schally, A. V., and Nagy, A. (1999) Cancer chemotherapy based on targeting of cytotoxic peptide conjugates to their receptors on tumors. *Eur J Endocrinol 141*, 1-14.

(57) Storch, D. (2005), Neue, radioaktiv markierte und Magnet-Resonanz-aktive Somatostatinanaloga zur besseren Diagnose und zielgerichteten Radionuklidtherapie von neuroendokrinen Tumoren. Basel: Universität Basel, Doktorarbeit.

(58) Virgolini, I., Raderer, M., Kurtaran, A., Angelberger, P., Banyai, S., Yang, Q., Li, S., Banyai, M., Pidlich, J., Niederle, B., Scheithauer, W., and Valent, P. (1994) Vasoactive intestinal peptide-receptor imaging for the localization of intestinal adenocarcinomas and endocrine tumors. *N Engl J Med 331*, 1116-21.

(59) Bakker, W. H., Krenning, E. P., Breeman, W. A., Koper, J. W., Kooij, P. P., Reubi, J. C., Klijn, J. G., Visser, T. J., Docter, R., and Lamberts, S. W. (1990) Receptor scintigraphy with a radioiodinated somatostatin analogue: radiolabeling, purification, biologic activity, and in vivo application in animals. *J Nucl Med 31*, 1501-9.

(60) Ando, A., Ando, I., Hiraki, T., and Hisada, K. (1989) Relation between the location of elements in the periodic table and various organ-uptake rates. *Int J Rad Appl Instrum B 16*, 57-80.

(61) Maecke, H. R., Riesen, A., and Ritter, W. (1989) The molecular structure of indium-DTPA. *J Nucl Med 30*, 1235-9.

(62) Sun, Y., Mathias, C. J., Welch, M. J., Madsen, S. L., and Martell, A. E. (1991) Targeting radiopharmaceuticals--II. Evaluation of new trivalent metal complexes with different overall charges. *Int J Rad Appl Instrum B 18*, 323-30.

(63) Green, M. A., and Welch, M. J. (1989) Gallium radiopharmaceutical chemistry. *Int J Rad Appl Instrum B 16*, 435-48.

(64) Fani, M., Andre, J. P., and Maecke, H. R. (2008) ^{68}Ga-PET: a powerful generator-based alternative to cyclotron-based PET radiopharmaceuticals. *Contrast Media Mol Imaging 3*, 67-77.

(65) Harrison, A., Walker, C. A., Parker, D., Jankowski, K. J., Cox, J. P., Craig, A. S., Sansom, J. M., Beeley, N. R., Boyce, R. A., Chaplin, L., and et al. (1991) The in vivo release of ^{90}Y from cyclic and acyclic ligand-antibody conjugates. *Int J Rad Appl Instrum B 18*, 469-76.

(66) Quadri, S. M., Shao, Y., Blum, J. E., Leichner, P. K., Williams, J. R., and Vriesendorp, H. M. (1993) Preclinical evaluation of intravenously administered ^{111}In- and ^{90}Y-labeled B72.3 immunoconjugate (GYK-DTPA) in beagle dogs. *Nucl Med Biol 20*, 559-70.

(67) Camera, L., Kinuya, S., Garmestani, K., Wu, C., Brechbiel, M. W., Pai, L. H., McMurry, T. J., Gansow, O. A., Pastan, I., Paik, C. H., and et al. (1994) Evaluation of the serum stability and in vivo biodistribution of CHX-DTPA and other ligands for yttrium labeling of monoclonal antibodies. *J Nucl Med 35*, 882-9.

(68) Balogh, E., Tripier, R., Ruloff, R., and Toth, E. (2005) Kinetics of formation and dissociation of lanthanide(III) complexes with the 13-membered macrocyclic ligand TRITA. *Dalton Trans*, 1058-65.

(69) Alexander, V. (1995) Design and Synthesis of Macrocyclic Ligands and Their Complexes of Lanthanides and Actinides. *Chem Rev. 95*, 273-342.

(70) Desreux, J. F. (1980) Nuclear Magnetic Resonance Spectroscopy of Lanthanide Complexes with a Tetraacetic Tetraaza Macrocycle. Unusual Conformation Properties. *Inorg Chem. 19*, 1319-1324.

(71) Mazzi, U.(2006), Technetium, Rhenium and other metals in chemistry and nuclear medicine 7. Servizi Grafici Editoriali snc, 35143 Padova, Italy.

(72) McAfee, J. G., Stern, H. S., Fueger, G. F., Baggish, M. S., Holzman, G. B., and Zolle, I. (1964) ^{99m}Tc Labeled Serum Albumin for Scintillation Scanning of the Placenta. *J Nucl Med 5*, 936-46.

(73) Benjamin, P. P. (1969) A rapid and efficient method of preparing ^{99m}Tc-human serum albumin: its clinical applications. *Int J Appl Radiat Isot 20*, 187-94.

(74) Mather, S. J., and Ellison, D. (1990) Reduction-mediated technetium-99m labeling of monoclonal antibodies. *J Nucl Med 31*, 692-7.

(75) Fritzberg, A. R., Abrams, P. G., Beaumier, P. L., Kasina, S., Morgan, A. C., Rao, T. N., Reno, J. M., Sanderson, J. A., Srinivasan, A., Wilbur, D. S. (1988) Specific and stable labeling of antibodies with technetium-99m with a diamide dithiolate chelating agent. *Proc Natl Acad Sci U S A 85*, 4025-9.

(76) Eisenhut, M., Mißfeldt, M., Lehmann, W.D., and Karas, M. (1991) Synthesis of a bis(aminoethyl) ligand with an activated ester group for protein conjugation and ^{99m}Tc labelling. *J. Labelled Comp. Radiopharm. 29*, 1283-1291.

(77) Griffiths, G. L., Goldenberg, D. M., Jones, A. L., and Hansen, H. J. (1992) Radiolabeling of monoclonal antibodies and fragments with technetium and rhenium. *Bioconjug Chem 3*, 91-9.

(78) Koch, P., Maecke, H.R. (1992) Technetium-99m-labeled biotin conjugate in a tumor pretargeting approach with monoclonal antibodies. *Angewandte Chemie.31*:1507-1509.

(79) Abrams, M. J., Juweid, M., tenKate, C. I., Schwartz, D. A., Hauser, M. M., Gaul, F. E., Fuccello, A. J., Rubin, R. H., Strauss, H. W., and Fischman, A. J. (1990) Technetium-99m-human polyclonal IgG radiolabeled via the hydrazino nicotinamide derivative for imaging focal sites of infection in rats. *J Nucl Med 31*, 2022-8.

(80) Edwards, D. S., Liu, S., Barrett, J. A., Harris, A. R., Looby, R. J., Ziegler, M. C., Heminway, S. J., and Carroll, T. R. (1997) New and versatile ternary ligand system for technetium radiopharmaceuticals: water soluble phosphines and tricine as coligands in labeling a hydrazinonicotinamide-modified cyclic glycoprotein IIb/IIIa receptor antagonist with ^{99m}Tc. *Bioconjug Chem 8*, 146-54.

(81) Greenland, W. E., Howland, K., Hardy, J., Fogelman, I., and Blower, P. J. (2003) Solid-phase synthesis of peptide radiopharmaceuticals using Fmoc-N-epsilon-(hynic-Boc)-lysine, a technetium-binding amino acid: application to Tc-99m-labeled salmon calcitonin. *J Med Chem 46*, 1751-7.

(82) King, R. C., Surfraz, M. B., Biagini, S. C., Blower, P. J., and Mather, S. J. (2007) How do HYNIC-conjugated peptides bind technetium? Insights from LC-MS and stability studies. *Dalton Trans*, 4998-5007.

(83) Hirsch-Kuchma, M., Nicholson, T., Davison, A., Davis, W. M., and Jones, A. G. (1997) Synthesis and Characterization of Rhenium(III) and Technetium(III) Organohydrazide Chelate Complexes. Reactions of 2-Hydrazinopyridine with Complexes of Rhenium and Technetium. *Inorg Chem 36*, 3237-3241.

(84) Rose, D. J., Maresca, K. P., Nicholson, T., Davison, A., Jones, A. G., Babich, J., Fischman, A., Graham, W., DeBord, J. R., and Zubieta, J. (1998) Synthesis and Characterization of Organohydrazino Complexes of Technetium, Rhenium, and Molybdenum with the {M(eta(1)-H(x)()NNR)(eta(2)-H(y)()NNR)} Core and Their Relationship to Radiolabeled Organohydrazine-Derivatized Chemotactic Peptides with Diagnostic Applications. *Inorg Chem 37*, 2701-2716.

(85) Surfraz, M. B., Biagini, S. C., and Blower, P. J. (2008) A technetium intermediate specifically promotes deprotection of trifluoroacetyl HYNIC during radiolabelling under mild conditions. *Dalton Trans*, 2920-2.

(86) Babich, J. W., and Fischman, A. J. (1995) Effect of "co-ligand" on the biodistribution of ^{99m}Tc-labeled hydrazino nicotinic acid derivatized chemotactic peptides. *Nucl Med Biol 22*, 25-30.

(87) Storch, D., Behe, M., Walter, M. A., Chen, J., Powell, P., Mikolajczak, R., and Macke, H. R. (2005) Evaluation of [^{99m}Tc/EDDA/HYNIC0]octreotide derivatives compared with [^{111}In-DOTA^0,Tyr^3, Thr^8]octreotide and [^{111}In-DTPA^0]octreotide: does tumor or pancreas uptake correlate with the rate of internalization? *J Nucl Med 46*, 1561-9.

(88) Béhé, M., Maecke, H. R. (1995) New Somatostatin Analogues labelled with technetium-99m. *Eur. J. Nucl. Med. 8*, 791.

(89) Béhé, M., Heppeler, A., Maecke, H. R. (1996) New Somatostatin Analogs for SPECT and PET. *Eur. J. Nucl. Med. 9*, 114.

(90) Decristoforo, C., Melendez-Alafort, L., Sosabowski, J. K., and Mather, S. J. (2000) ^{99m}Tc-HYNIC-[Tyr^3]-octreotide for imaging somatostatin-receptor-positive tumors: preclinical evaluation and comparison with ^{111}In-octreotide. *J Nucl Med 41*, 1114-9.

(91) Baidoo, K. E., Lin, K. S., Zhan, Y., Finley, P., Scheffel, U., and Wagner, H. N., Jr. (1998) Design, synthesis, and initial evaluation of high-affinity technetium bombesin analogues. *Bioconjug Chem 9*, 218-25.

(92) Borgnia, M., Nielsen, S., Engel, A., and Agre, P. (1999) Cellular and molecular biology of the aquaporin water channels. *Annu Rev Biochem 68*, 425-58.

(93) Battey, J. F., Way, J. M., Corjay, M. H., Shapira, H., Kusano, K., Harkins, R., Wu, J. M., Slattery, T., Mann, E., and Feldman, R. I. (1991) Molecular cloning of the bombesin/gastrin-releasing peptide receptor from Swiss 3T3 cells. *Proc Natl Acad Sci U S A 88*, 395-9.

(94) Battey, J., and Wada, E. (1991) Two distinct receptor subtypes for mammalian bombesin-like peptides. *Trends Neurosci 14*, 524-8.

(95) Palacios, J. M., Cortes, R., Dietl, M., and Probst, A. (1988) Receptors in human brain diseases: a use for receptor autoradiography in neuropathology. *J Recept Res 8*, 509-20.

(96) Huczko, E. L., Bodnar, W. M., Benjamin, D., Sakaguchi, K., Zhu, N. Z., Shabanowitz, J., Henderson, R. A., Appella, E., Hunt, D. F., and Engelhard, V. H. (1993) Characteristics of endogenous peptides eluted from the class I MHC molecule HLA-B7 determined by mass spectrometry and computer modeling. *J Immunol 151*, 2572-87.

(97) Altmann, K. H., Mutter M. (1993) Die chemische Peptidsynthese von Peptiden und Proteinen. *Peptidchemie 6*,274.

(98) Hao, B., Zhao, G., Kang, P. T., Soares, J. A., Ferguson, T. K., Gallucci, J., Krzycki, J. A., and Chan, M. K. (2004) Reactivity and chemical synthesis of L-pyrrolysine- the 22(nd) genetically encoded amino acid. *Chem Biol 11*, 1317-24.

(99) Moreau, J., Guillon, E., Pierrard, J. C., Rimbault, J., Port, M., and Aplincourt, M. (2004) Complexing mechanism of the lanthanide cations Eu^{3+}, Gd^{3+}, and Tb^{3+} with 1,4,7,10-tetrakis(carboxymethyl)-1,4,7,10-tetraazacyclododecane (dota)- characterization of three successive complexing phases: study of the thermodynamic and structural properties of the complexes by potentiometry, luminescence spectroscopy, and EXAFS. *Chemistry 10*, 5218-32.

(100) Caravan, P., Ellison, J. J., McMurry, T. J., and Lauffer, R. B. (1999) Gadolinium(III) Chelates as MRI Contrast Agents: Structure, Dynamics, and Applications. *Chem Rev 99*, 2293-352.

(101) Kasprzyk, S. P., Wilkins, R. G. (1982) Kinetics of Interaction of Metal Ions with Two Tetraaza Tetraacetate Macrocycles. *Inorg. Chem. 21*, 3349.

(102) Breeman, W. A., De Jong, M., Visser, T. J., Erion, J. L., and Krenning, E. P. (2003) Optimising conditions for radiolabelling of DOTA-peptides with ^{90}Y, ^{111}In and ^{177}Lu at high specific activities. *Eur J Nucl Med Mol Imaging 30*, 917-20.

(103) Whitmore, L., and Wallace, B. A. (2004) DICHROWEB, an online server for protein secondary structure analyses from circular dichroism spectroscopic data. *Nucleic Acids Res 32*, W668-73.

(104) Sreerama, N., and Woody, R. W. (2000) Estimation of protein secondary structure from circular dichroism spectra: comparison of CONTIN, SELCON, and CDSSTR methods with an expanded reference set. *Anal Biochem 287*, 252-60.

(105) Mutter, M., Hersperger, R. (1990). Peptide als Schaltelemente: Mediuminduzierte Konformationsübergänge von gezielt entworfenen Peptiden. *Angew. Chem. 102*: 195 - 197.

(106) Reed, J., and Reed, T. A. (1997) A set of constructed type spectra for the practical estimation of peptide secondary structure from circular dichroism. *Anal Biochem 254*, 36-40.

(107) Kranz, B. (2007), Immobilisierung der Penicillin G Acylase an funktionalisierte Trägerpartikel für biotechnologische Anwendungen; Universität Regensburg.

(108) Overton, E. (1901). Studien über die Narkose. Jena: Gustav Fischer Verlag.

(109) OECD Guideline for the Testing of Chemicals, (1995). Partition coefficient (n-octanol/water): shake flask method. No. 107, OECD, Paris.

(110) Testa, B. Mayer, J.M. (2003), Hydrolysis in Drug and Prodrug Metabolism; Verlag Helvetica Chimica Acta, Zürich, Switzerland.

(111) Wang, J., Wang, L., Zheng, J., Anderson, J. L., and Toews, M. L. (2000) Identification of distinct carboxyl-terminal domains mediating internalization and down-regulation of the hamster alpha(1B)- adrenergic receptor. *Mol Pharmacol 57*, 687-94.

(112) Perkins, J. P., Hausdorff, W. P. and Lefkowitz, R. J. (1991) Mechanisms of ligand-induced desensitization of beta -adrenergic receptors, in The Beta-Adrenergic Receptors, pp 73-124, Humana Press, Clifton, NJ, USA.

(113) Hipkin, R. W., Friedman, J., Clark, R. B., Eppler, C. M., and Schonbrunn, A. (1997) Agonist-induced desensitization, internalization, and phosphorylation of the sst2A somatostatin receptor. *J Biol Chem 272*, 13869-76.

(114) Panterlouris, E. M. (1968), Absence of the thymus in a mouse mutant. *Nature, 217*, 370.

(115) Sprent, J., and Miller, J. F. (1974) Effect of recent antigen priming on adoptive immune responses. II. Specific unresponsiveness of circulating lymphocytes from mice primed with heterologous erythrocytes. *J Exp Med 139*, 1-12.

(116) Bastert, G., Althoff, P., Fortmeyer, H. P., Usadel, K. H., and Schwedes, U. (1977) [Transplantation of fetal human hypophyses to athymic nu/nu mice (proceedings)]. *Arch Gynakol 224*, 418-9.
(117) Bastert, G., Schmidt-Matthiesen, H., Michel, R. T., Fortmeyer, H. P., Sturm, R., Nord, D., and Gerner, R. (1977) Human mammary cancers in nu/nu-mice. A model for testing in research and clinic. *Klin Wochenschr 55*, 83-4.
(118) Davis, F. F. et al. (1978) Enzyme polyethylene glycol adducts: modified enzymes with unique properties. *Enzyme Eng. 4*, 169-173.
(119) Harris, J. M., Martin, N. E., and Modi, M. (2001) Pegylation: a novel process for modifying pharmacokinetics. *Clin Pharmacokinet 40*, 539-51.
(120) Harris, J. M., and Chess, R. B. (2003) Effect of pegylation on pharmaceuticals. *Nat Rev Drug Discov 2*, 214-21.
(121) Van de Wiele, C., Dumont, F., Vanden Broecke, R., Oosterlinck, W., Cocquyt, V., Serreyn, R., Peers, S., Thornback, J., Slegers, G., and Dierckx, R. A. (2000) Technetium-99m RP527, a GRP analogue for visualisation of GRP receptor-expressing malignancies: a feasibility study. *Eur J Nucl Med 27*, 1694-9.
(122) Gali, H., Hoffman, T. J., Sieckman, G. L., Owen, N. K., Katti, K. V., and Volkert, W. A. (2001) Synthesis, characterization, and labeling with $^{99m}Tc/^{188}Re$ of peptide conjugates containing a dithia-bisphosphine chelating agent. *Bioconjug Chem 12*, 354-63.
(123) Herzog, K. M., Deutsch, E., Deutsch, K., Silberstein, E. B., Sarangarajan, R., and Cacini, W. (1992) Synthesis and renal excretion of technetium-99m-labeled organic cations. *J Nucl Med 33*, 2190-5.
(124) Stahl, W., Breipohl, G., Kuhlmann, L., Steinsrasser, A., Gerhards, H. J., and Scholkens, B. A. (1995) Technetium-99m-labeled HOE 140: a potential bradykinin B2 receptor imaging agent. *J Med Chem 38*, 2799-801.
(125) Waser, B., Eltschinger, V., Linder, K., Nunn, A., and Reubi, J. C. (2007) Selective in vitro targeting of GRP and NMB receptors in human tumours with the new bombesin tracer ^{177}Lu-AMBA. *Eur J Nucl Med Mol Imaging 34*, 95-100.
(126) Feinendegen, L. E., and McClure, J. J. (1997) Alpha-Emitters for Medical Therapy - Workshop of the United States Department of Energy. *Radiat. Res. 148*, 195-201.
(127) Wilbur, D. S. (1991) Potential use of alpha emitting radionuclides in the treatment of cancer. *Antibody, Immunoconjugates,Radiopharm. 4*, 85-97.
(128) Zalutsky, M. R., and Bigner, D. D. (1996) Radioimmunotherapy with alpha-particle emitting radioimmunoconjugates. *Acta Oncol. 35*, 373-379.
(129) Aurlien, E., Larsen, R. H., Kvalheim, G., and Bruland, O. S. (2000) Demonstration of highly specific toxicity of the alpha-emitting radioimmunoconjugate(211)At-rituximab against non-Hodgkin's lymphoma cells. *Br J Cancer 83*, 1375-9.
(130) Wilbur, D. S., Chyan, M. K., Hamlin, D. K., Kegley, B. B., Risler, R., Pathare, P. M., Quinn, J., Vessella, R. L., Foulon, C., Zalutsky, M., Wedge, T. J., and Hawthorne, M. F. (2004) Reagents for astatination of biomolecules: comparison of the in vivo distribution and stability of some radioiodinated/astatinated benzamidyl and nido-carboranyl compounds. *Bioconjug Chem 15*, 203-23.
(131) Friedman, A. M., Zalutsky, M. R., Wung, W., Buckingham, F., Scherr, G. H., Wainer, B., Hunter, R. L., Appelman, E. H., Rothberg, R. M., Fitch, F. W., Stuart, F. P., and Simonian, S. J. (1977) Preparation of a biologically stable and immunogenically competent astatinated protein. *Int J Nucl Med Biol 4*, 219-24.
(132) Good, S. (2006) Entwicklung neuer rezeptorgesteurter Radiopharmazeutika für die Therapie von malignen Hirntumoren und medullären Schilddrüsenkarzinomen, Universität Basel, Doktorarbeit.

(133) Mantey, S. A., Coy, D. H., Entsuah, L. K., and Jensen, R. T. (2004) Development of bombesin analogs with conformationally restricted amino acid substitutions with enhanced selectivity for the orphan receptor human bombesin receptor subtype 3. *J Pharmacol Exp Ther 310*, 1161-70.

(134) Mantey, S. A., Weber, H. C., Sainz, E., Akeson, M., Ryan, R. R., Pradhan, T. K., Searles, R. P., Spindel, E. R., Battey, J. F., Coy, D. H., and Jensen, R. T. (1997) Discovery of a high affinity radioligand for the human orphan receptor, bombesin receptor subtype 3, which demonstrates that it has a unique pharmacology compared with other mammalian bombesin receptors. *J Biol Chem 272*, 26062-71.

(135) Markwalder, R., and Reubi, J. C. (1999) Gastrin-releasing peptide receptors in the human prostate: relation to neoplastic transformation. *Cancer Res 59*, 1152-9.

(136) Davis, T. P., Crowell, S., Taylor, J., Clark, D. L., Coy, D., Staley, J., and Moody, T. W. (1992) Metabolic stability and tumor inhibition of bombesin/GRP receptor antagonists. *Peptides 13*, 401-7.

(137) Shipp, M. A., Tarr, G. E., Chen, C. Y., Switzer, S. N., Hersh, L. B., Stein, H., Sunday, M. E., and Reinherz, E. L. (1991) CD10/neutral endopeptidase 24.11 hydrolyzes bombesin-like peptides and regulates the growth of small cell carcinomas of the lung. *Proc Natl Acad Sci U S A 88*, 10662-6.

(138) Hersh, L. B. (1982) Degradation of enkephalins: the search for an enkephalinase. *Mol Cell Biochem 47*, 35-43.

(139) Malfroy, B., Swerts, J. P., Guyon, A., Roques, B. P., and Schwartz, J. C. (1978) High-affinity enkephalin-degrading peptidase in brain is increased after morphine. *Nature 276*, 523-6.

(140) Selmeci, L., Szokodi, I., and Horvat-Karajz, K. (1996) A sensitive microplate-based continuous-monitoring (kinetic) assay for serum neutral endopeptidase (EC 3.4.24.11) activity. *Clin Chim Acta 244*, 111-6.

(141) Strittmatter, S. M., Thiele, E. A., Kapiloff, M. S., and Snyder, S. H. (1985) A rat brain isozyme of angiotensin-converting enzyme. Unique specificity for amidated peptide substrates. *J Biol Chem 260*, 9825-32.

(142) Skidgel, R. A., Engelbrecht, S., Johnson, A. R., and Erdos, E. G. (1984) Hydrolysis of substance p and neurotensin by converting enzyme and neutral endopeptidase. *Peptides 5*, 769-76.

(143) Koch, P. (1992), Synthese und Evaluation bifunktioneller ^{99m}Tc-Chelatoren und ihr Einsatz in der Diagnose von Tumoren mittels monoklonaler Antikörper. Basel: Universität Basel, Doktorarbeit.

(144) Murugesan, S., Shetty, S. J., Noronha, O. P., Samuel, A. M., Srivastava, T. S., Nair, C. K., and Kothari, L. (2001) Technetium-99m-cyclam AK 2123: a novel marker for tumor hypoxia. *Appl Radiat Isot 54*, 81-8.

(145) Madeyski, C. M., Michael, J. P., and Hancock, R. D. (1984). N,N',N'',N'''-Tetrabis(2-hydroxyethyl)cyclam a nitrogen-donor macrocycle with rapid metalation reactions. *Inorg. Chem.*, 1984, 23 (10), 1487.

(146) Troutner, D. E., Simon, J., Ketring, A. R., Volkert, W., and Holmes, R. A. (1980) Complexing of Tc-99m with cyclam: concise communication. *J Nucl Med 21*, 443-8.

(147) Maina, T., Nock, B. A., Zhang, H., Nikolopoulou, A., Waser, B., Reubi, J. C., and Maecke, H. R. (2005) Species differences of bombesin analog interactions with GRP-R define the choice of animal models in the development of GRP-R-targeting drugs. *J Nucl Med 46*, 823-30.

(148) Zhu, W. Y., Goke, B., and Williams, J. A. (1991) Binding, internalization, and processing of bombesin by rat pancreatic acini. *Am J Physiol 261*, G57-64.

(149) Lin, B. J. (1977) An apparent inhibition of insulin biosynthesis resulting from inhibition of transport of neutral amino acids by arginine. *Diabetologia 13*, 77-82.

(150) Ruiz-Chica, A. J., Medina, M. A., Sanchez-Jimenez, F., and Ramirez, F. J. (2004) On the interpretation of Raman spectra of 1-aminooxy-spermine/DNA complexes. *Nucleic Acids Res 32*, 579-89.
(151) Korpela, T. K., and Makela, M. J. (1981) Spectrophotometric measurement of hydroxylamine and its O-alkyl derivatives. *Anal Biochem 110*, 251-7.

i want morebooks!

Buy your books fast and straightforward online - at one of world's fastest growing online book stores! Environmentally sound due to Print-on-Demand technologies.

Buy your books online at
www.get-morebooks.com

Kaufen Sie Ihre Bücher schnell und unkompliziert online – auf einer der am schnellsten wachsenden Buchhandelsplattformen weltweit! Dank Print-On-Demand umwelt- und ressourcenschonend produziert.

Bücher schneller online kaufen
www.morebooks.de

 VDM Verlagsservicegesellschaft mbH
Heinrich-Böcking-Str. 6-8   Telefon: +49 681 3720 174   info@vdm-vsg.de
D - 66121 Saarbrücken   Telefax: +49 681 3720 1749   www.vdm-vsg.de

Printed by Books on Demand GmbH, Norderstedt / Germany